建筑创作中的材料表现

——模仿中创新

张 羽 著

中国建筑工业出版社

图书在版编目（CIP）数据

建筑创作中的材料表现：模仿中创新 / 张羽著. —
北京：中国建筑工业出版社，2021.8
ISBN 978-7-112-26183-3

Ⅰ.①建… Ⅱ.①张… Ⅲ.①建筑设计—材料—表现
Ⅳ.① TU2

中国版本图书馆CIP数据核字（2021）第102030号

责任编辑：刘 丹
版式设计：锋尚设计
责任校对：党 蕾

建筑创作中的材料表现——模仿中创新
张 羽 著
*
中国建筑工业出版社出版、发行（北京海淀三里河路9号）
各地新华书店、建筑书店经销
北京锋尚制版有限公司制版
北京建筑工业印刷厂印刷
*
开本：787毫米×1092毫米 1/16 印张：12 字数：240千字
2021年8月第一版 2021年8月第一次印刷
定价：**58.00**元
ISBN 978-7-112-26183-3
（37768）

前言

在建筑创作中，由于较强的结构性和技术性特点，材料通常只被作为实践的对象，目前的建筑学教育集中于空间功能、形式构成方面的训练，这在一定程度上造成了设计者对材料表现内容认识模糊，从而在实践中掩盖了材料本身具有的多样性和可能性。因此，需要从理论的角度建立起材料与建筑创作的联系。研究基于历史与当代的建筑思想和实践，对材料的应用进行分析，初步建构一种适用于探讨材料表现内容的模仿创新理论。

材料是建筑的基本构成要素，它作为建筑创作和实践的对象对建筑创新起根本性作用。建筑的发展史显示，人类是以模仿为途径来熟知和运用材料，并逐渐完善材料表现中的物质内容和精神意义的。在由材料表现的基本要素、模仿要素和创新要素所构建的系统中，模仿创新指向材料性能的发挥、形式的革新、技术的进步以及其所蕴涵文化价值的拓展。模仿的必然性、趋同性和反复性，使材料的表现呈现出螺旋式的发展规律。其中，创作主体的人所作的决策和采取的协调方式对材料表现的结果起着决定性作用，并与使用需求、社会文化、科学技术和自然环境等客观因素共同形成模仿创新的机制，促进材料的发展。在历史的建筑活动和现实的建筑实践中对材料的性能、技术和美学等内容的挖掘，形成了确定性模仿的转移式创新、实验性模仿的积累式创新和逆行性模仿的替代式创新的类型，它们解决了材料表现的统一与多样的矛盾问题。材料的创新基于对类型的分析，而创新又源于不同的创作目的，材料或表现为主导性，或表现为辅助性，由此形成的现象与规律构成了模仿中创新的材料表现模式，在以表现材料为目的的创作中，关注于材料性能的本质体现和其建构的逻辑性表达；在以建筑空间为主导的创作中，则通过材料的隐匿与展现的双重方式来实现；在以协调环境为目的的创作中，材料的选择和组织决定了建筑所应表达的有机性和生态性。三种模式以材料价值的体现为目标，整体建构了材料表现的内容。

材料表现与模仿创新理论的结合，将建筑学科和相关学科的技术成果及理念引入，推动材料的物质性和美学意义的表现。在解读材料表现特征、内涵、机制、类型与模式的过程中，应用了系统论、社会传播学、建筑理论等多学科交叉的理论知识，以宏观思辨与微观分析、理论阐释与实例论证相结合的研究方法，建立了通过模仿来实现材料创新表现的理论体系，从材料设计角度，为建筑创作和创新提供思路与启示。但研究尚处于初步探索阶段，有待进一步地深入和提高。

目录

绪言

材料是建筑工程的物质基础，对每一种建筑材料的发现、发明和运用都把人类的物质文明和精神文明向前推进一步。建筑创作是结合了功能组织和造型艺术的活动，它要通过人的使用和视觉去感知、体会，没有材料就无法塑造建筑空间。材料有自己的语言，石头讲述着遥远的地质起源和它的持久性；砖使人想到泥土、火焰、重力和建造的传统；木材诉说着它的存在状态和时间尺度，作为“树”是木材的第一次生命，作为木匠手中的制品是它的第二次生命；青铜的绿色铜锈则度量着时间的流逝，并唤起人们对古老浇铸程序的感念……

建筑的发展史和如今的建筑活动表明，伟大的建筑流派总是与精良的材料一同诞生，材料和技术的发展有力地支持了各种空间形态的产生。在工业材料被大量生产以前，人类将传统材料和自然材料的性能发挥到极致，创造了许多建筑奇迹，如西方的石建筑和东方的木建筑，都在各自的地域环境中演绎和发展。当工业革命为人们带来大量的工业材料之后，建筑师便逐渐学会运用新材料创造史无前例的空间形象，如 1851 年的“水晶宫”展览馆，由钢和玻璃的预制装配技术构建而成，开辟了建筑空间的新纪元，从此，新材料和新技术在建筑上的运用开始层出不穷。进入 20 世纪，现代主义建筑师运用钢、钢筋混凝土和玻璃等材料构筑和发展的现代建筑则完全摆脱了传统建筑的桎梏。当代，在信息传播和技术进步的支持下，无论是传统材料还是新材料，都在设计者反复的实践中显现着各自的优势，同时，由于各种高技术快速地进入建筑领域，使专业化的程度越来越高，建筑师与工程师的合作越来越紧密，共同探索材料与相关技术的结合，挖掘材料的表现力，为建筑创作的创新提供了有力的支持。

科技的发展为材料性能的发挥和材料构造形式的创新提供了许多技术支持，但在建筑活动中的反应却明显地迟滞，有些设计者对材料的运用流于形式上的拼凑，在结构上的考虑则留给工程师去完成，其结果总是和创作构想产生很大出入。在建筑学领域里，长期以来，对于材料的表现一直没有得到足够的重视，因此建筑创作中的材料创新也相对匮乏，远跟不上技术和文化发展的步伐。此外，由于建筑材料极强的技术性和实践性，对它的研究和论述主要集中于实践层面，或者要么侧重其技术性内涵，要么侧重其文化性外延，前者虽具有较强的操作性，却缺乏对建筑学问题的综合思考；而后者则在拓展了思考范畴的同时却难以触及建筑学的核心问题。我国建筑学科的教学内容多侧重于建筑的功能和形态、建筑创作思维及其方法论等知识上，重视的是培养学生的空间组织能力和形式的创造能力，以至于造成学生对材料认识的盲点。即使在涉及材料的训练中，也多偏向于对其片段式的分析和描述，要么集中于对空间和结构形态的塑造，要么集中于对材料“表皮”内容的探索，而对于材料发展史中隐含的共性或个性特征、材料的应用趋势、建筑创作与材料表现的联系等内容采取忽视和片面的理解，其结果都在一定程度上影响建筑创作的表达和深度。

对建筑师来说，超前的设计理念是催生新材料和材料创新表现的强大动力。当前，尤其是在西方国家，日益萎缩的实践机会和项目市场使设计者们非常珍惜每一个建筑项目，因而也相应地重视新材料和新技术的应用，客观上促进了建筑材料表现上的创新。虽然，在建筑的创作与实践中，建筑师对材料的表现已经进行了很多探索，但对材料蕴含的性能和当代技术的广泛性、适用性仍缺乏应有的认识。近十多年来，从抽象的功能分析“泡泡图”的流行，直至近些年随着传统媒介和电子媒介的双重方式发展，建筑设计逐渐趋于对“图像化”的探索，导致材料及其建造问题处于相对“缺席”的状态，在一定程度上限制了建筑的整体发展。材料是建筑学的一个基本问题，任何创造空间的过程都不是抽象或概念的，而是具体与实在的，它由材料来决定。但如今的照片、图像、计算机绘制的图纸在当今的建筑创作中扮演着支配性角色，建筑的创作不可避免地趋于单调，建筑物倾向于成为平面和剖面二维投影图的联合体，缺少真正感官上的空间创造，而这种空间的创造基于设计者对材料技术和材料性能的了解。建造过程中手工艺的减少更加强了材料表现的单调感，大量人工合成材料的广泛使用，使人的视线无法穿透它们的表面去感受材料的物质性，而技术经济对轻盈和暂时性的需求又使得越来越多的建筑成为随处可见的围合物，因而形成了对本土文脉的漠视。建筑师必须再次学会重视和运用材料，根据重力和材料自己的构造逻辑来说话，使其成为一种可塑性的艺术，让人们参与其中去感知和触摸。

当前国内外对建筑现象的研究中，都格外重视“创新”，普遍轻视“模仿”，而且大部分对“模仿”持否定态度，有的也只是客观上理解模仿行为。计算机在建筑设计中的广泛运用为材料的创新性表现提供了快捷的方式和跨文化的意义，但信息时代的副作用不可否认，一些设计者利用计算机互联网带来的便利直接“模仿”某种材料的表现形式，完全忽视了设计的意义，这种情况的模仿其实等于快速抄袭，结果使人们更加误解了模仿的真正含义。事实上，国内外一些优秀的建筑作品对材料多样性、灵活性的运用已经给出了许多可以借鉴的模式，其中也暗含着在模仿中创新的过程。这些建筑师透过模仿物的表面，分析其内在成因，通过对当地历史、自然、环境和文化传统的了解，大胆地引用相关领域的技术成果来组织材料，将材料作为建筑创作的有机组成部分，从而赋予材料新的功能内容和精神意义，也正是通过这种正确的模仿、理解和吸收，成就材料表现上的创新。

由于对建筑材料的熟悉过程需要从实践中学习，因此大多设计者也只是把它作为实践的对象，对以理论的形式来研究材料的问题产生怀疑。在当代建筑作品的各个分支中，理论、创作与建造之间的界限出现了罕见的交叉，要认识建筑构筑过程的复杂性，不仅需要专业的知识，更需要理论的建构与指导。对于建筑创作与材料表现关系的认识，我们面对两种选择：

一是接受越来越多零散的建筑教条；二是探索如何将材料与建筑的整个过程联系起来。第一种选择带有“自由”性质，其前景是不可知的；后一种选择强调材料表现与建筑创作目标之间的复杂性，但却是基本的问题。材料在建筑创作的每一环节都发挥着不同的作用，对这种作用的认识和对材料本身物质性能、精神意义的理解需以相关的理论进行梳理并系统化，这也是达成建筑创新的关键。正是在这样的背景下，本书关注和致力于这一领域的研究，通过理论来阐释、分析、总结以提供一些有价值的结论，启发设计者在建筑创作中关于材料表现的新思路。

无论在建筑创作中还是在建筑实践中，材料的结构、技术和形式等都蕴涵着深刻的逻辑哲理和表现规律，对这些内容的理解需要借助相关学科的理论对其进行梳理，这不仅是认识材料的需要，也是指导建筑实践的需要。自古以来的建筑活动中，人们通过对材料的设计、组织和运用塑造了丰富的表现内容，同时也将人类的历史和文化等精神内涵编织其中。与过往的设计师相比，当代的设计者确实视野开阔、信息灵通，但职业修养过于单纯，建筑表达的能力往往受到自身素质的限制。大多数设计者都会把注意力集中于建筑空间形态的塑造和立面效果的渲染，对于用什么材料去实现或对选择的材料具备什么性能并不去过多的关注，结果建成的建筑总是或多或少缺乏感染力。有时，虽然抛开对材料本身的探索能达到空间表现的效果，但经过反复推敲来发挥材料性能的空间表现会使建筑空间更具有真实感和内在的感染力，也会从中反映出设计者对建筑的理解。重视材料如果只对各种材料及其运用实例加以分析和归类，难以触及材料问题的实质，因此，以理论的形式对材料表现内容加以阐释，有助于设计者在建筑创作中掌握材料的运用思路和方法。从建筑历史中的材料体现和当今建筑材料的演绎，可以看出人们对材料认识是通过不断地模仿发展起来的，而社会传播学中的“模仿理论”认为模仿是最基本的社会关系，因此，将“模仿中创新”的理论与建筑创作中的材料表现相结合，对于认识材料和建筑实践具有现实和指导意义。

首先，当今建筑的发展比以往任何时期都更加多元，几乎没有一种绝对的建筑形式可以成为这个时代的代表，因此可供模仿的范式多种多样，在当前的建筑创新中，模仿创新已成为一种主导成分。在过去的创新研究中，模仿与创新基本是对立的，建筑界在鼓励创新时往往忽视模仿的价值或扭曲了模仿的真实含义。其实，各个行业的创新成果，也都是在递进式的模仿中产生的，在模仿中进行创新是对建筑材料表现的有效选择。模仿、创新，创新、再模仿，符合事物发展的规律。建筑创作的创新更多时候依靠灵感，对于材料表现的创新也一样，而灵感不是凭空产生的，它需要量的积累才会一触即发，所以从优秀建筑作品的原型中汲取精华，才能有效应付材料设计的各种问题。

其次，以“模仿中创新”的理论对建筑创作中的材料表现问题进行深层研究，可以发展和丰富当代建筑创作的理论，充分发挥材料对于建筑发展的促进作用。建筑创作的创新有赖于建筑材料的创新，而材料创新又对建筑形式创新、建筑结构创新具有深远的影响，正如伊利尔·沙里宁所说：“材料的性质决定形式的性质。这绝不是一种新的想法，它倒是一种基本的思想。”[①] 在建筑材料发展的几千年里，人们不断地在模仿中进行着材料的研究与实践，从而开发出材料的潜能和发现新材料。材料的发展是随着人类生产力的发展而发展的，科学的进步带动了新材料和新技术的快速发明和创造，而材料表现的内容也不断更新。任何一种材料的应用必然会带来相应的课题，其中，结构性能的发挥、构造技术的创造、形式美学的展现是材料表现的重要课题，而社会经济的发展、科技的进步、不同民族之间技术和文化的交流都为材料表现的模仿、创新提供大量机遇。但某种新材料或传统材料在经过技术模仿或形式模仿的实验后，其表现形式如果要传播开来，还要不断地克服材料本身存在的问题。模仿中创新的材料表现，重在对传统与当代的继承和借鉴，大胆地运用新材料、新技术，挖掘新的建筑功能和创造新的建筑形象，同时运用现代建筑语言去表现传统材料，体现传统与时代的并进。

最后，以“模仿中创新”的理论视角将材料的应用现象进行横向和纵向的梳理，可以全面地认识材料表现的物质内容和精神内涵，使设计者在进行建筑创作的最初，就能将对材料表现内容的思考与建筑的整个过程结合起来，以形成完整的设计。在建筑学领域，关于材料的理论还较为欠缺，具体体现在：一是对材料的发展现象只作表面的叙述，忽视理论的解释和剖析；二是选择的理论视角只集中论述材料表现的一个方面，对它在建筑创作的整个过程中的体现和作用缺乏全面的论述。对材料的表现是一个综合的思维过程，一方面，相对于物质形态的建筑产品而言，它是一个物质生产过程；另一方面，相对于作为文化、美学等载体的艺术品来讲，它又是一个艺术创作过程。材料表现的这种双重属性决定了它必然要受到相关领域的影响。“模仿中创新”的材料表现将其他学科的技术成果引入以发挥材料的物质性，并在精神层面上将美学和哲学作为材料创新的指导思想，展现材料的美感属性。

拉斐尔·莫内欧曾说：“作为直接左右建筑效果的自变量之一，材料应贡献给建筑永恒的生命。”[②] 材料作为建筑工程的物质基础，是人类建筑文明的载体，对材料表现内容的挖掘和分析是对建筑创作的完善，引入“模仿中创新”这一理论来阐释材料问题，不仅是探索材料表现潜能的有效方式，也势必促进建筑创作的整体发展。

---

① （美）伊利尔·沙里宁. 形式的探索——一条处理艺术的问题的基本途径［M］. 顾启源，译. 北京：中国建筑工业出版社，1989：78.

② THORNE D M. The Pritzker Architecture Prize: The First Twenty Years［M］. New York: Harry N. Abrams in Association with the Art Institute of Chicago, 1999: 89.

第 1 章

概述

西方建筑界对材料理论的研究起步较早，对材料运用与模仿理论的结合也有深刻的论述。18世纪中期，威尼斯修道士卡罗·洛多利认为应把建筑看成是一种理性和实用的科学，而不是一种模仿艺术，建筑科学的目标在于通过感受材料所包含的自然属性来进行探索。[①]这里，洛多利是将“模仿”等同于“复制”，从而进行否定。19世纪，西方建筑理论家对希腊神庙木结构的起源进行激烈讨论，但直到现在也未能盖棺定论。很多学者认为希腊神庙的石造部分的形式最初来源于木结构（图1-1），建筑与其他各门类的艺术一样，是一种模仿的形式或者拟态，遵从亚里士多德的美学理论核心“艺术模仿自然”。但法国19世纪的建筑理论家维奥莱·勒·杜克却认为那些神庙的整个建造过程完全是对石材的演绎，从开采、加工到抬升，都把石材的自然属性和功用表现得清晰明了。勒·杜克将全面地了解材料作为建造的首要条件，但这种认识材料的方式和从模仿中认识材料性能并不矛盾。

由于19世纪至20世纪新材料、新技术的飞速发展，西方建筑界对于材料的表现方式进行了许多探索，包括工艺美术运动、新艺术运动倡导的对于材料的运用态度应学习哥特建筑对材料的诚实表达。德国19世纪中期的建筑理论家高特菲尔德·森佩尔的饰面理论对后来欧美建筑师的材料创新实践具有深远的影响，奥托·瓦格纳和阿道夫·路斯在其基础上又将饰面理论进行拓展。瓦格纳和路斯批评那些沉湎于拼凑历史风格的做法，希望创造能与新材料的特性相一致的建筑形式。当代的宾夕法尼亚大学教授戴维·莱瑟巴罗在《表皮建筑》（2002）一书中就考察了瓦格纳和路斯等人的实践，同时对当代建筑中的表皮现象予以回应，与他们的理念一致，莱瑟巴罗反对当代

图1-1　有学者分析希腊神庙的石造形式来源于木结构

资料来源：WESTON R. Materials, form and architecture［M］. New Haven, CT: Yale University Press. 2003: 41, 43.

① WESTON R. Materials, form and architecture［M］. New Haven, CT: Yale University Press, 2003: 69.

建筑中对于历史符号的模仿，但他们反对的模仿都是完全复古的模仿，这种做法无法发展新材料与新技术。

现代关于"表皮"材料理论的多方研究主要源自森佩尔的"织物"饰面理论。1851年，森佩尔在《建筑的四个要素》中根据材料的物理特性划分出四种类别：织物、黏土、木、石头。随后，他又依据制作程序提出四种技术艺术：纺织术、制陶术、木工、石工，每种技术都由相应的材料产生，[①]某种特定的材料能够"模仿"其他材料的制作程序而转化成一种新材料的技术，也就是说，即使具体的建造材料改变了，但早先材料的形式特征和象征意义仍旧在新的材料中得到体现。当代法国建筑师伯纳德·凯什吸收了森佩尔关于材料的这种模仿创新理论，并在《数码森佩尔》一文中以列表的方式来阐释森佩尔的材料运用和发展观点，他认为森佩尔理论所具有的开放性使更多的新材料有可能引进来（表1–1），如混凝土、玻璃等材料都是经过模仿的再创造。[②]

伯纳德·凯什绘制表格以阐述森佩尔的"制作过程与传统历史材料的关系"理论　表1–1

抽象的制作程序 Abstract Procedures	纺织术 Textile	制陶术 Ceramics	木工 Tectonics	石工 Stereotomy
织物 Fabrics	地毯、旗、帘幕	动物皮肤瓶、埃及瓮		拼贴物
黏土 Clay	马赛克、瓷砖、砖砌的面层	花瓶状陶器，如希腊提水罐		砖砌的石工
木材 Wood	装饰性的木板	木桶	家具木工	嵌木细工
石材 Stone	大理石和其他石材面层	圆屋顶	石头横梁式系统	雕刻工艺
金属 Metal	中空金属雕像；金属屋面、铰接的金属结构、幕墙	金属瓶或壳状金属物	铁柱	锻造、炼铁
混凝土 Concrete	预制混凝土板；轻质壳板；混凝土幕墙	标准混凝土覆盖	横向混凝土板	
玻璃 Glass	热力塑性玻璃；幕墙	吹制玻璃	粘合玻璃	玻璃砖

资料来源：CACHE B. "Digital Semper" in Anymore [M]. Mass.: MIT Press, 2000: 193.
说明：伯纳德·凯什在森佩尔的研究基础上附加了混凝土和玻璃，以传统种类分析新材料的运用。

① SEMPER G. Style in the Technical and Tectonic Arts or Practical Aesthetics, The Four Elements of Architecture and Other Writings [M]. New York: Cambridge University Press, 1989: 189–195.

② CACHE B. "Digital Semper" in Anymore [M]. Cambridge, Mass.: MIT Press, 2000: 193.

森佩尔把设计者对于材料的处理分为三类方式，一是材料的决定论者，认为由材料的性能自然可以得出理所当然的形式来；二是历史决定论，即设计者常以一种材料去模仿历史建筑中的材料运用方法和工艺；三是思辨决定论者，材料的应用成了一种完全通过思辨去排除直觉与知觉的活动。[①]如今，森佩尔的这种分法仍然有很多建筑理论家拥护，但也有学者认为这三种材料使用倾向都存有缺陷，第一种漠视了人的因素；第二种依赖于历史的经验和艺术，忽视当代文化技术的发展，限制了材料性能的发挥；第三种迷失于哲学的思辨中，会导致远离建筑本体。

当代英国学者理查德·韦斯顿所著的《材料、形式和建筑》(2003)一书从理论的角度阐述了材料的地域性、时间性、使用、节点、表皮、意义以及物质性与半透明性等内容，通过历史性的寻根将材料的技术意义与其文化内涵联系起来。书中部分引用了历史学家和哲学家的建筑模仿理论来探讨材料的表现力，在对“模仿”不同观点的阐述中，增强了材料运用理论的深度。以上的建筑学者均在不同层面上将模仿概念与材料的表现内容相结合，或批评、或肯定，引起人们对材料表现规律和模式的思考。

很多建筑学者对当代的建筑材料表现内容也给予了关注，虽然并未从理论的角度进行阐释，但对材料表现的某些要素，如细部构造、美学属性、施工方式等予以细致分析，加强了建筑创作与材料应用的联系。美国建筑师奥斯卡·R·奥赫达编著的《饰面材料》(2004)重点关注了材料的细部构造，认为细部是作为体现建筑师想法的信息传递载体，建筑师创作的根源也在于材料上的表达形式。书中并未引用理论，而是从传统材料的创新应用到新材料的试验性应用，从粗糙材料的精致应用到非传统建造方式的实践，以大量实例呈现了材料的表现力，侧重于材料具体问题的表述。瑞士联邦理工学院建筑与构造学院教授安德烈·德普拉泽斯编著的《建构建筑手册——材料·过程·结构》(2005)一书中，主要研究了“筑造”的内容，它包括从材料的组织到建成建筑物的整个过程。书中分为“材料—模块”“建筑要素”和“结构”三部分，以此来说明从一种单一的原材料通过与不同的建筑部件连接，直到最终成为建筑，强调建筑的表现依赖其结构组成。书中提及森佩尔的“织物”概念，对材料的物质性、真实性以及材料建构方式的详述为本书的研究拓展了思路。

---

① SEMPER G. The Four Elements of Architecture and Other Writings [M]. New York: Cambridge University Press, 1989: 102.

1.1 概念阐释

1.1.1 材料、材质与材料表现

1）材料：“材料”是可供制作成品的原料。材料的英文是“Material”，在牛津字典里作为名词的解释是材料，作为形容词是物质的；由物质构成的；身体所需的。其形容词的含义说明材料是有用的并能用来制造物品的物质，材料是人类赖以生存和发展的物质基础，物质性是材料的本质属性。本书研究的材料指的是建筑材料，建筑材料是指在建筑工程中所使用的各种材料及其制品的总称，是建筑工程的物质基础。为了保障建筑结构可以长期抵御自然的侵蚀，建筑材料需具有必要的物理性能、化学性能和耐久性。建筑材料按化学成分可分为有机材料、无机材料和复合材料；按材料的功能分为承重和非承重材料、保温和隔热材料、吸声和隔声材料、防水材料、装饰材料等；按材料的用途分为结构材料、墙体材料、屋面及地面材料、饰面材料等。

本书涉及的建筑材料包括传统建筑材料与新型建筑材料。传统建材是指人们自古以来从自然中选取的用于构筑房屋的材料，如木材、石材、黏土等，以及那些已经成熟且在工业中批量生产并大量应用的材料，如钢铁、水泥等，传统材料在应用上已有长期使用的经验和数据。新型建材有优异性能和应用前景，它建立在新思路、新概念、新工艺和新检测技术的基础上。传统材料与新材料之间并无严格区别，传统建材是发展新建材和高技术的基础，而新建材又能推动传统建材的发展。如今，建筑材料的范围在逐步拓展，非建筑材料也被纳入到建筑创作中，使建筑作品更加呈现出多样化。

材料是附属于建筑创作中基本要素的子课题，是人类用来构建、改造和感知世界的物质手段。建筑材料随着社会生产力和科学技术水平的提高而发展，而社会、历史、文化形态的发展变化对材料的使用也会产生直接或间接的影响。材料不仅以其结构性能影响整体建筑造型，它所产生的心理效能也是必不可少的，这主要体现在建筑的表面状态通过人的视觉和触觉所产生的美感。因此，材料的质感、肌理、色彩，材料的加工制作工艺、交接组合的构造影响着建筑的每一个细部。在建筑的发展过程中，人们逐渐熟悉运用各种材料表达建筑的结构逻辑和空间逻辑，同时，也逐渐将某种哲学思想和精神意义隐含于材料的表现中，以此来完成建筑作为“文化载体”的功能。

2）材质：狭义的材质概念是指材料本身的结构与组织，即色彩、质感、肌理等，它包含材料的自然属性和美感属性；广义的材质概念是指材料以一种美学意图结合在建筑的空间形体中，以构造、表皮处理及符号等形式来体现特定的建筑文化。各种不同的材质如果运用得当，便具有了材料本身特有的语言、观念和感受。为了便于描述材料的表面特征和表现意义，对“材质”一词的引入是必要的。

3）材料表现：“表现”是表示出来，显现出来。用于“物”时，是指由人类创造、实施并赋予其思想和意境的事物给第三者的印象。人类在不断地改造自然材料和通过科技发明创造新材料的过程中，不仅丰富了建筑材料的类型，还在材料的自然属性上增加了社会属性，赋予了材料丰富的物质内容和精神意义。本书中的“材料表现”侧重于“形态”和“理念”上的研究，即对材料物质性的表现形式和这种形式所蕴含的精神意义进行阐释。而对材料的物理、化学性质或组成成分只做一般说明，旨在从建筑创作角度分析材料的表现内容。

在材料表现的物质层面，其物质性是在材料构筑建筑的过程中表现出来的，材料的结构性能、美感属性、构造细部、组织形式、运用技术等，决定着建筑成立的可能性并影响建筑的整体造型。材料的表现交织着力学与美学的互动，技术的发展不断改变着材料的表现形式，也不断展示出材料的内在性能。如今的材料结构从单纯的支撑概念中解脱出来，其结构形式、构造及节点细部均成为展示体，丰富了材料的表现内容，而不再集中于对材料表面的设计。在材料表现的精神内容中，包含了设计者的主观创意构想和社会文化、科学技术、自然环境等客观因素对材料应用所产生的影响。其中，设计者的创意赋予了材料的个性表现，如设计者对人文历史、技术美学、生态环保、地域文化等方面的理解，都能从他对材料的组织与运用中传达出来。而客观因素使材料的表现受到时间和空间的制约，每种材料的使用方式都和一定历史、地理、文化和科技水平紧密联系，而我们也能从某一历史时期或某一地方的材料表现中感受到它所隐含的信息和传达出的意义。

1.1.2 模仿

“模仿”一词在《现代汉语词典》中解释为“照某种现成的样子学着做”，但它的英文含义分为两层，一是“imitation”（模仿），模仿的行为或事例、复制品、仿造的相似物；二是“representation（表现，再现）”，指表现物，如艺术作品，表现的行动或动作，被表现的状态；以可见的形象或形式来表现；再现，重新表现。“模仿”的希腊语“mimesis”也有两层含义，一是对原型的复制；二是凭借艺术的表现、再现。正因为“mimesis”有“模仿”和“再现”的双重含义，汉译的“模仿”就容易引起误解，而这种双重含义对正确理解模仿一词是至关重要的。[①]在哲学中，模仿是个人在受到社会环境刺激后产生的一种类似他人行为方式的行动倾向，是社会群体中

---

① 范明生. 古希腊罗马美学.“西方美学通史”第一卷［M］. 上海：上海文艺出版社，1999：56.

的个体行为，受社会群体意识的制约。只要个体之间存在交流，模仿行为就有发生的可能，它是个体适应群体、获得发展的最初级手段。人们通过模仿的方式来改进自身技能或获得新技能，它是创新的开端，没有模仿也就没有创新。

模仿有别于“模拟”“复制”和“抄袭”。“模拟”的意思是“模仿、比照着正式的样子做”，它是目的明确地对另一客体的某些方面的仿造，“模拟”强调的是人们态度的明确性，是一种认识方法，而“模仿”却是人们有意识或无意识的行为；“复制”是仿照原件制作，它是中性词，这种行为不带有主观的、个性的表达，仅仅是拷贝和备份；“抄袭”是机械地搬用别人的经验、方法等，是低等的行为，与“模仿”作为认识过程的意义有本质区别。

1.1.3 创新

在《现代汉语词典》中，“创新”作为动词是创造新的、革新；作为名词是独创性。创新的英文“innovation”，是更新、变革、制造新事物。从广泛的意义上讲，创新是指从产生新的构想、观念、理论、决策、规律、设计、解释，到这些观念和思想在实践中运用的过程。[①]创新必须是新颖和价值的统一体，其活动的结果要提供新的具有社会意义的产物。休·伟勒在《材料、技术和创新》一文中，从材料设计的角度对“创新”的定义是：“创新来自于对材料和建造技术负责的、灵巧的、且富于创造性的应用”。[②]本书的“创新”指在建筑创作中对材料表现的首创性设计活动，包括建筑师对材料性能的挖掘、对材料技术的创新应用和对其结构形式的创新表达，以及在材料表现上美学思想和哲学理念的创新体现。

1.2 理论基础

1.2.1 模仿、创新的理论溯源

1）模仿理论溯源：早在古希腊，许多哲学家就对人类的“模仿”行为提出了各自不同的“模仿说”，形成最早的模仿理论。数学家和哲学家毕达哥拉斯以“模仿说”

---

① 李树文. 创新思维方法论［M］. 北京：中国传媒大学出版社，2006：60.

② 休·伟勒，房丽敏. 材料、技术和创新［J］. 世界建筑，2003（3）：89.

来解释宇宙万物和数的关系，认为世间万物是由于模仿“数”而存在的，这种学说的影响使希腊美学一开始就与数学和哲学存在内在的联系[①]；赫拉克利特则提出了艺术是模仿自然的“对立的和谐”而形成的，他用“模仿”表示“遵循自然”[②]；苏格拉底提出了模仿再现自然说和模仿再现理念说，后者是指人们凭借可感事物的理念进行创作，这种模仿说显然是先验论的[③]；柏拉图对模仿持全盘否定的态度，他将艺术品理解为消极的仿制品，认为现实高于艺术，柏拉图将艺术定义为劣质的模仿品的理论一度限制了西方中世纪时期的艺术发展[④]。在古希腊众多的模仿说中，亚里士多德的“艺术模仿自然”的理论影响最深远，他指出艺术在对现实的模仿中揭示了其内在的规律，因而比现实更高，同时人类通过模仿自然，也获得了知识。他摒弃了先验论，强调“再现式”的模仿是凭借双手来再现和创造的，是对现实事物典型形象的再创造，是高于现实的。古希腊的模仿理论主要强调模仿与自然的关系，虽然亚里士多德客观地建构了模仿理论，但其认识仍属于古代的朴素唯物主义范畴。

马克思主义理论中对模仿的阐释是：“模仿”是个体适应群体并向着群体中最优秀、最强大、最完美的个体发展的最初手段，是个体成长过程中由低级向高级、由幼稚向成熟进化的必经阶段。所以模仿在事物发展过程中是必然的，是基于对模仿对象的分析和理解，再结合自身实际情况而进行的再创造过程。

法国19世纪的社会心理学家塔尔德在其专著《模仿律》中，从社会学的角度提出了模仿理论，他对模仿的解释是“类似于心际之间的照相术，无论这个过程是有意的还是无意的，被动的还是主动的，只要二者之间存在着某种社会关系，就存在模仿。”[⑤]他认为一切社会过程无非是人与人之间的互动，模仿是最基本的社会关系。模仿具有“双向流动”性，因为世界上的一切事物都是互相影响的，必然会产生互相模仿。模仿是“远程的生殖”，其影响力不仅跨越很长的距离，而且跨越长时间的中断。由于存在着许多可模仿的模式，不同选择的结果之间不可避免地发生对立和冲突，需要调节以互相适应达成均衡。塔尔德指出，虽然有时人们进行着“反模仿”，但从行为的发生特点分析，仍然表现出与很多事物的相似性。而当人们无法接触社会或拒绝接触时，就没有模仿，即“非模仿”这种结果就会斩断传统或与周围的文化环境相隔绝，其实这种行为正是利用了模仿的影响和规律，遏制住产生模仿的可能性。

---

① 范明生．古希腊罗马美学．“西方美学通史”第一卷［M］．上海：上海文艺出版社，1999：62.

② 同上：84.

③ 同上：237.

④ 同上：351.

⑤（法）加布里埃尔·塔尔德．模仿律［M］．何道宽，译．北京：中国人民大学出版社，2008：9.

在《模仿律》中，塔尔德归纳了模仿的内在规律，即和传统或先进技术越接近的发明越容易成为模仿对象。模仿是一种全新的发展，一个人在创新的同时也在模仿。

20世纪70年代，科普作家理查德·道金斯在他的著作《自私的基因》中创造了一个新词“meme”来描述“文化的复制基因”。他认为一个观念、一种行为在人的头脑之间被模仿，从而传播的过程，与基因复制自己并遗传下去的过程十分相似，这个过程，广义而言就是模仿。之后，英国学者苏珊·布莱克摩尔秉承他的观点，并著有《谜米机器》，文中指出“隐藏于所有创造力背后的力量，乃是复制因子之间的相互竞争”[①]，苏珊将“模仿”的方式分为两种，一种是对“指令”的模仿，即按照事件规定的步骤和方法一步步完成，其模仿的结果与原物相同；另一种是对“结果”的模仿，在这种方式中，由于人们在模仿过程中融入了个人的理解和判断，其最终的结果可能脱离了事物的原貌（表1–2）。

模仿理论溯源 表1–2

<table>
<tr><th>年代</th><th>国籍</th><th>代表人物</th><th colspan="2">理论著作与核心思想</th></tr>
<tr><td rowspan="5">古希腊时期（公元前6世纪~公元前4世纪）</td><td rowspan="5">希腊</td><td>毕达哥拉斯</td><td colspan="2">世间万物是由于模仿“数”而存在</td></tr>
<tr><td>赫拉克利特</td><td colspan="2">艺术即是“模仿自然”的对立的和谐</td></tr>
<tr><td>苏格拉底</td><td colspan="2">模仿再现自然和人的理念</td></tr>
<tr><td>柏拉图</td><td colspan="2">艺术是拙劣的仿制品，现实高于艺术</td></tr>
<tr><td>亚里士多德</td><td colspan="2">“艺术模仿自然”，再现式的模仿是对现实事物典型形象的再创造，高于现实</td></tr>
<tr><td>19世纪中后期</td><td>德国</td><td>马克思</td><td colspan="2">模仿是社会群体中的个体行为，是事物发展和进化的必然过程</td></tr>
<tr><td>19世纪末</td><td>法国</td><td>塔尔德</td><td>《模仿律》</td><td>模仿是最基本的社会关系，具有“双向流动”性；反模仿与非模仿都是利用了模仿的规律，模仿即是创新</td></tr>
<tr><td>20世纪70年代</td><td>英国</td><td>理查德·道金斯</td><td>《自私的基因》</td><td>观念与行为的传播似基因复制自己并遗传下去的过程，广义而言是模仿</td></tr>
<tr><td>20世纪90年代</td><td>英国</td><td>苏珊·布莱克摩尔</td><td>《谜米机器》</td><td>模仿分对“指令”的模仿和对“结果”的模仿；复制因子的相互竞争引发创造力</td></tr>
</table>

① （英）苏珊·布莱克摩尔. 谜米机器——文化之社会传递过程的“基因学”［M］. 高申春，吴友军，许波，译. 长春：吉林人民出版社，2001：51，439.

2）创新理论溯源：在我国古代《周易》中，先哲曾提出“革故鼎新”，“革”则去故，“鼎”则取新，可以看出，古人对“创新”是早有意识的。但创新思想的提出最早来自于马克思和恩格斯，强调的是经济学意义。此后在1912年，美籍奥地利经济学家熊彼特在其著作《经济发展概论》中完整地提出创新概念，即创新是把一种新的生产要素和生产条件的“新结合”引入到生产体系。他强调创新是一种实践，是一个“不断地破坏旧结构、不断地创造新结构”的过程，是一个“创造性破坏的过程”。[①] 从这个角度上讲，创新是一种“怀疑”，它包括肯定和否定两个方面，是永无止境的探索和发现。创新理论把创新作为人类的一种特殊实践活动，为深入研究社会实践的不同性质及其基本类型提供了崭新框架。

1.2.2　模仿中创新理论

“模仿”和“创新”总是对比出现的，一个常用于批判，另一个则绝对提倡，二者并行构成的理论首先出现在经济学领域。1998年，清华大学施培公博士首次提出“模仿创新”这个技术经济学概念。他将创新划分为率先创新和模仿创新两个基本类型。率先创新是凭借自身的能力率先使用全新工艺的创新行为；模仿创新是吸取率先者成功的经验和失败的教训，掌握率先创新的核心技术，并在此基础上对率先创新进行改进和完善的一种渐进性活动。在创新实践中，大多情况都属于模仿创新。模仿创新分为两种情况，第一种是完全模仿创新。一项新技术从诞生到影响范围的扩大需要一定时间，因此使技术模仿成为可能。这种完全模仿本质上也带动了技术创新活动，很多事物的发展都从模仿其他技术开始的；第二种是模仿后再创新。这是对新事物进行的再创造，在达到模仿原型的技术水平后，通过创新，超过原来的技术水平。这种形式的优势回避了新事物成长初期的不稳定性。但随着知识产权保护意识的不断增强，新技术并不能轻易被模仿，要从专业的角度进行考虑。

模仿中创新本身就是一种创新，其中包括对原型的学习和理解，以及在此基础上的改进。从模仿到模仿创新，有质的飞跃，目标是在于创新。创新的构造成分都是以前的模仿，因为这些模仿的复合体本身也受到模仿，所以就形成了一个由前后相继的成功首创所组成的创新复合体。

---

①（美）约瑟夫·熊彼德．资本主义、社会主义与民主［M］．吴良健，译．北京：商务印书馆．1942：24.

1.2.3 模仿中创新与材料表现

根据以上模仿理论，材料作为构筑建筑的物质基础，人们必然在运用和传播它的过程中进行模仿。从人们最早使用的自然建筑材料到现在种类繁多的合成材料、高科技材料在建筑中的广泛运用，其间经过了人们不断地模仿与探索，在这个过程中，材料性能的体现和材料技术的进步与人们所采用的模仿方式有密切的联系（图1-2）。

材料表现的创新是在模仿原型的启发下实现的。材料的创新应与建筑的特性、总体环境、历史文脉相一致，其创新思想和手法的运用应体现经济价值和社会价值。“创新”是个语义双关的词，它与传统和未来相联系，求“新”是相对“旧”而言的。在建筑材料的表现中，这种“旧”包括历史传统与文脉印刻在材料中的内容，以及前人对材料运用经验与理念的阐述，它们开启了建筑师的创作灵感。创造性的“模仿”应将原型的构造逻辑或形成理念用在另一种建造目的上，当模仿的内容成为重新理解建筑材料的一个基本部分时，材料的表现即达到了创新。

以古希腊哲人的观点，材料在形式表现上会模仿自然中的物质形态，这是材料展示性能的必然发展阶段。在当今物质文化高度发达的情况下，人们对材料的运用不再局限于对自然的模仿，各种学科的成果和理论均成为对材料探索的参考内容：根据马克思主义的“模仿是再创造过程”的理论，人们对建筑材料的创新运用都是从模仿中

图1-2 不同时期以不同材料、技术对支柱的演绎

资料来源：WESTON R. Materials, form and architecture [M]. New Haven, CT: Yale University Press, 2003: 31.

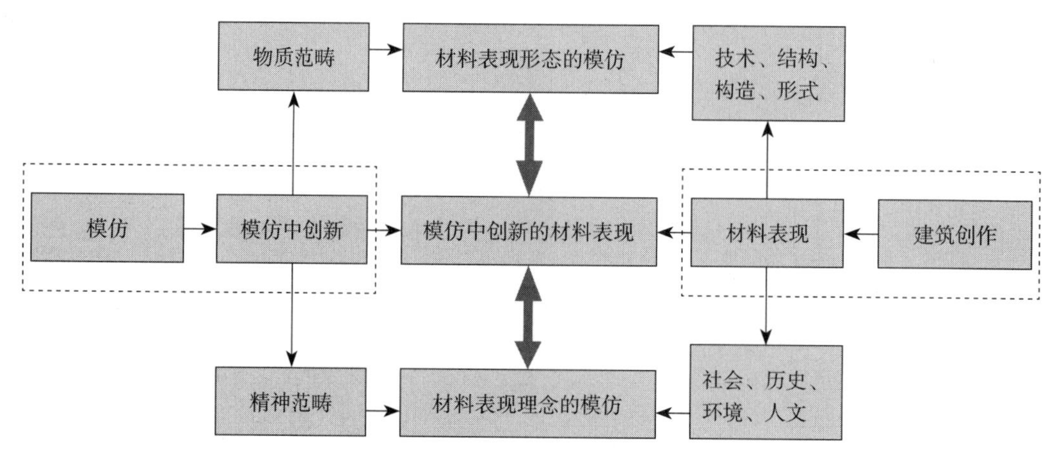

图1-3　模仿中创新与材料表现的关系分析图

探索而来，如新材料通过对传统材料的模仿逐渐显现其本身的特性，而传统材料在对新材料技术的借用中也延续了生命力；塔尔德对模仿的多角度分析使我们更加深刻地认识到材料的发展过程，其“双向流动”的模仿、“反模仿”和“非模仿”又为建筑材料的创新提供了方法；根据苏珊对模仿方式的划分，一种材料运用方式得以准确传承是由于对“指令”的模仿，而当建筑师对材料表现“结果”进行转述时，会根据地方实际情况和个人的理解在材料原有组织形式上添加一些细节，删减一些内容，也正因为这样，才会出现材料的各种表现形式。

对材料表现的创新取决于从模仿向表现的升华，一种从单纯模仿到展开叙述的缓慢思想进程（图1-3）。以模仿创新的理论来探讨建筑材料的表现就是要用传统与当代的综合设计手法来组织材料、用相关学科的技术理念解读建筑材料的技术表现、用新材料表现的语义阐释传统材料语言，从而探索材料表现的本质和建构的逻辑，展现它的美学属性和文化内涵。

1.3　研究内容

本书以建筑创作中的材料表现作为主要研究内容，以“模仿中创新”的理论贯穿全文，并以建筑学科中的社会观、文化观、历史观、生态观、科技观等诸多观点组织全文。其中对材料的物质性和非物质性内容进行论述，审视它所涉及的领域，并分析材料表现所蕴含的理念。本书关注了历史建筑、地域建筑以及当代各种风格建筑中的材料表现，以天然材料、传统材料、现代工业材料及相关领域的非建筑材料的运用为主要研究对象，通过对大量建筑实例的分析与比较，阐明在模仿中创新的材料表现内容。

本书的结构主要分为概述、材料表现的历史特征、内涵、机制、类型和模式六个章节，这个结构反映了在模仿中创新的材料表现的内容和方法，指出了本书的主要目的，即建筑创作的创新有赖于材料表现的创新，而材料的创新是在模仿中生成的。为了符合这一目标，本书对产生“感觉”的结构技术和形式表现方面给予更多的关注，与那些虽然与建造有关，但过度关注构造技术的文献有所不同，材料的运用技术与结构、构造总是同建筑效果联系在一起的。

第1章的概述部分将“模仿中创新”的理论引入到对建筑创作中材料表现的论述中，通过对模仿、创新、材料表现等概念的界定，以及对模仿理论的追溯，指出在建筑材料的运用上通过正确的“模仿”可以达到材料表现的创新；第2章从建筑历史中梳理材料的发展史，在此过程中，材料表现的内容和意义逐渐生成，从中发现，人类正是通过“模仿”才使材料的表现丰富起来，从而促进建筑的创新和发展；第3章解析了在模仿中创新的材料表现内涵，分别对材料表现的基本要素、模仿要素和创新要素进行剖析，指出在模仿中达到材料表现的创新有其自身的特性，模仿具有必然性、趋同性和反复性，但掌握了突变的规律，对材料的表现就能达到创新；第4章论述了模仿中创新的材料表现机制，有来自设计者本人的主体选择机制，设计者对材料表现各要素及涉及内容的平衡、协调、突破等决定着创新的结果，也有来自外部的动力机制，如人们的使用需求、社会文化、科学技术、自然环境的客观因素，在一定程度上促进了设计者对材料表现的模仿创新；第5章为模仿中创新的材料表现类型，通过列举大量建筑实例和对材料表现的模仿内容与创新成果的研究，归纳出三种类型：实验性模仿的转移式创新、规定性模仿的渐进式创新和逆行性模仿的反求式创新，从中对传统和现今的材料表现规律予以揭示；第6章提出了在模仿中创新的材料表现模式，其中将与材料紧密相关的设计目的分为三种，即在以材料为主导、以空间为主导、以环境为主导的创作中，设计者是如何通过模仿的转化来达到材料表现上的创新的，为创作和实践提供可参考的范式。最后为结论，对研究成果进行总结，提出创新点和不足之处。

1.4 研究框架（图1-4）

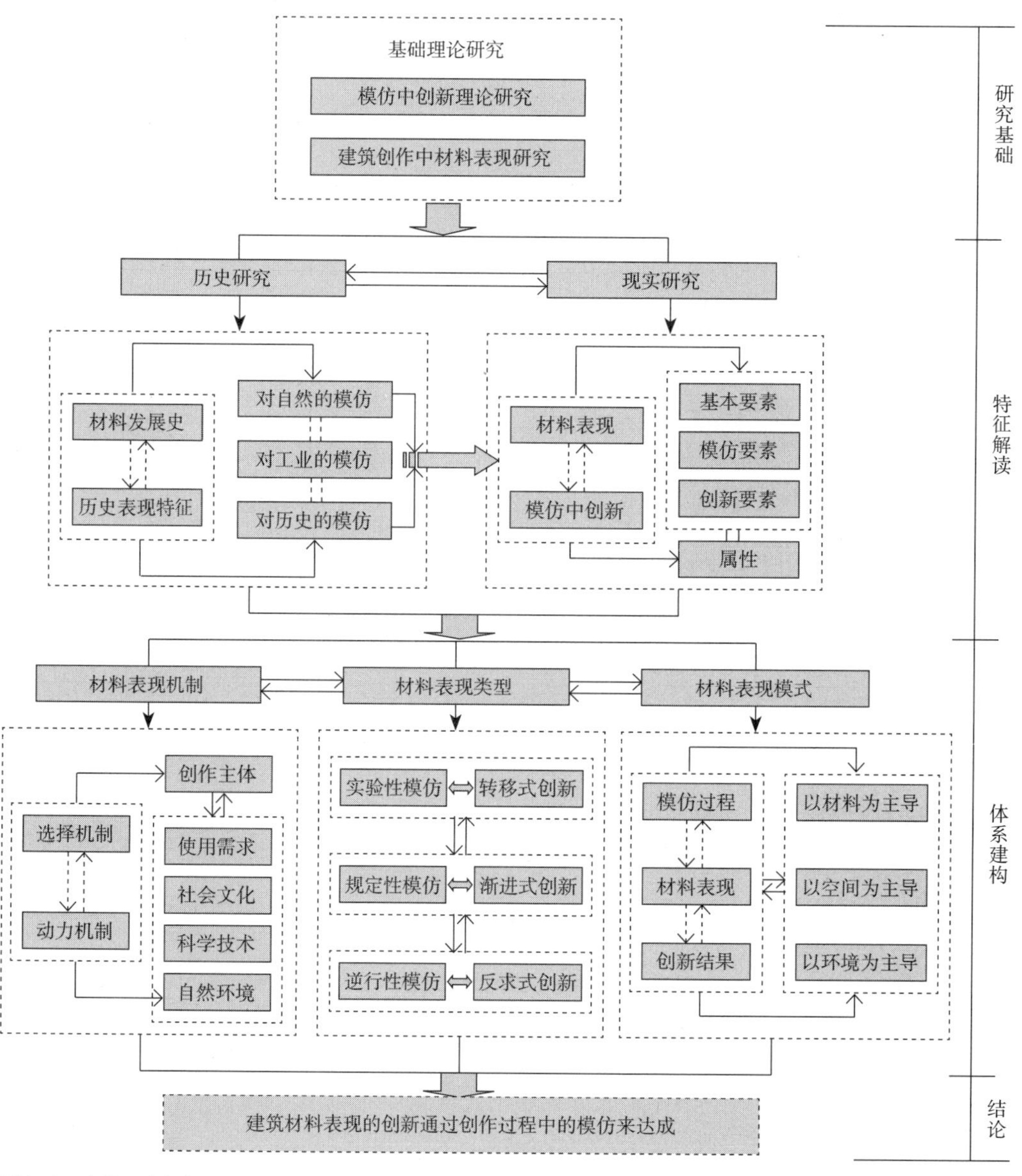

图1-4 本书研究框架

第 2 章

建筑历史中的材料表现特征

建筑的历史也是建筑的文化史，作为一种文化，建筑是人工环境、是消费品、是技术与艺术的结合体、也是群体的精神象征。材料是构筑建筑的基础，也具有建筑文化的所有特征，这些特征在建筑的发展过程中逐渐体现出来。对建筑历史的回顾，不仅是观察材料本身的发展，也是透过它辨析其中蕴含的创作思想，以建筑学的视角，探寻材料表现的规律和动态。在这个研究过程中，可以发现，材料的发展史也是人们在模仿中认识材料和对其不断创新的历史。

2.1 材料表现的历史分期特征

任何事物的发展都有规律，并呈现出阶段性的发展特征。建筑的发展史，从古代到中世纪、文艺复兴、复古主义、19世纪的交替，再到20世纪发展起来的现代主义建筑、20世纪70年代的后现代主义以及当今多元化发展的建筑，其间经历了许多重要的阶段性转变，这与地域环境、社会文化、经济政治、科学技术和各个时期建筑师的实践理论的影响密不可分，这些因素的共同作用使建筑具有复杂性，而这种复杂性也交织在建筑材料的表现进程中。作为建筑进步的基本原动力，材料的作用在于它作为建筑实体要素而言的物质功能和表现人文价值观念的精神功能，这种双重功能是人类在模仿和创新的建筑实践中积累并丰富起来的，即使在材料发展的复杂过程中也能清晰地辨别出这种规律。

2.1.1 19世纪中叶以前的材料表现

在维特鲁威看来，最早的建筑物是先竖起叉形柱杆，再将灵活的小树枝搭在其间，然后在墙面上涂抹泥浆，这种理论自前工业社会至现在仍被广泛认同①，从中可以看出，起初人类为了生存，只是自发地寻找能满足基本筑屋条件的材料来使用，仅仅注重它的物质性能。英国建筑历史学家B・阿尔索普认为："'建筑'不始于第一个用木棍和泥巴或树枝和茅草搭起的小屋，或堆起石头用泥草作顶。但是，当人类第一次将自己与他的建筑视为一体和引以为豪，并且开始关心建筑外观时，'建筑'才真

① WESTON R. Materials, form and architecture [M]. New Haven, CT: Yale University Press, 2003: 10.

正开始。”①建筑是离不开美学表达的，因此，自建筑“开始”起，物质功能和精神意义就同时蕴含在建筑材料的表现内容中。

19世纪中叶以前建筑材料的应用，以18世纪60年代发生的工业革命为界线，工业革命之前的建筑都是以自然材料木、石、竹、黏土以及手工业材料砖、陶等为主来建造的。工业革命带来了新的生产方式、新材料和新技术，人们开始采用更加经济、耐用的工业材料，但传统的审美惯性和人们对新材料的质疑影响此时期的建筑仍以传统材料为主。19世纪70年代以电力为主导的技术革命又在很大程度上促进了新材料的推广使用。随着“工业”思想的深入人心，许多建筑师将工业的生产理念引入建筑的创作中，并体现在对材料的表现上。

2.1.1.1　工业革命以前建筑中的材料表现

传统建筑的基本结构形式主要是叠砌式和框架式，这取决于不同地区盛产的建筑材料种类，但这些材料均具有耐压、耐拉和耐弯的特性。在远古社会，世界各地的人们几乎都用堆积砌块的方式进行建造，如古苏美尔、巴比伦和迈锡尼大陆上的建筑要塞，常被形容成在堆“巨石”游戏（图2-1）。制作砌块几乎可以用任何材料，掺入稻草的土坯、黏土砖、石头或毛石，无论用土坯还是石材，建筑砌块结构依赖的是重力。秘鲁地区的古印加人在建造巨大尺度的砖石建筑中不用灰浆，而是运用重力原理将砖石紧密地干砌到一起。框架式建筑的雏形是人类起先做一个木或草束的骨架，用多种表皮材料，如兽皮、布块、草泥、木材包围骨架，骨架结构依靠的是能承受建筑重量的优质木梁，具有极佳的弯曲力。无论是多么精巧的建筑物，柱和梁是各地建筑物所使用的最基本的结构形式。

图2-1　“巨石”建筑：迈锡尼的狮子门

资料来源：WESTON R, Materials, form and architecture［M］. New Haven, CT: Yale University Press, 2003: 22.

在第一次工业革命发生以前，建筑的发展是缓慢的，人们通过材料技术和艺术

① 刘先觉. 现代建筑理论［M］. 北京：中国建筑工业出版社，1999：409.

的表现将建筑文明的一切要素涵盖其中。西方建筑从古希腊、古罗马建筑、哥特式建筑、拜占庭建筑和文艺复兴建筑到古典主义建筑都是用石头书写的。西方学者认为，古希腊大理石神庙建筑的梁柱形制是从木构建筑中演变过来的，人们在对木结构模仿的过程中逐渐认识了石材的特性。之后的古罗马人继续发展了石头的建筑，由于混凝土的发明，他们将“拱”与混凝土、石材相结合形成了券柱式，拱券结构的发展，使规模巨大的建筑空间得以实现。但由于当时的技术限制，混凝土的制造不能从普遍的岩石中得到所需原料，又由于战争的原因，这种材料技术在接下来的一千多年里被完全忘却，仍以各种砌造的结构方式进行。古罗马人十分重视材料的运用，他们通过浇注或吹制的方法将玻璃汁塑成圆柱体，压扁后制成平板玻璃，并将这种工艺传播到罗马其他地区；而真正推动玻璃在建筑中大面积使用的是中世纪的哥特式教堂建筑。哥特式建筑是石头与玻璃构筑的光的梦幻曲（图2-2），自由石匠之间的交往使哥特风格传遍欧洲，并在14～16世纪转变为具有各民族特点的哥特建筑。在盛产木材的地区，教堂或世俗建筑就以木结构演绎哥特风格（图2-3）；15世纪的文艺复兴时期，学者们在传抄古希腊和古罗马建筑的手抄本时，对其进行模仿和研究，大型府邸是这时期的建筑代表，强调数的协调与各部分合理的比例。建筑模仿古罗马大竞技场采用

图2-2　石结构哥特建筑：巴黎圣丹尼斯修道院
资料来源：（美）约翰·派尔. 世界室内设计史［M］. 刘先觉，译. 北京：中国建筑工业出版社，2003：55.

图2-3　木结构哥特建筑：英国圣温德里达教堂
资料来源：（英）派屈克·纳特金斯. 建筑的故事［M］. 杨惠君，译. 上海：上海科学技术出版社，2001：59.

图2-4　文艺复兴时期的建筑形式是对古罗马建筑的模仿与延续
资料来源：（左图）（美）克罗尔·斯特里克兰. 拱的艺术——西方建筑简史［M］. 王毅，译. 上海：上海人民出版社，2005：26；
（右图）（英）派屈克·纳特金斯. 建筑的故事［M］. 杨惠君，译. 上海：上海科学技术出版社，2001：69.

三段式，每段以不同的砖、石砌筑样式进行划分（图2-4）；17、18世纪的巴洛克和洛可可建筑追求以情动人，巴洛克建筑为营造空间动势，其曲线形主体和漩涡形穹隆将砖石结构发挥得淋漓尽致。建筑内部，雕塑、绘画与空间形态糅合在一起，材料在这些幻觉中变化了，经过雕刻和油饰的木材像织物，石头也刻成浪花的形状。后来的洛可可建筑强化了这种材料的运用方式，建筑拱顶采用木板和石膏塑造，以追求失重的浪漫效果（图2-5）。

将木材作为主要建筑材料的地区集中在亚洲和北美。中国和日本等国使用柔性的木材逐渐完善了建筑的木构架体系，并一直延续使用自新石器时代就发明的榫卯连接方式，无论从建筑的结构、空间和形制上都表现出对于木材性质的深刻理解。而石料一般用于建筑的辅助设施或陵墓建筑上的拱和穹顶，后来出现的砖塔则是受东南亚砖石佛教建筑的影响。18世纪以前，印度和东南亚的建筑材料也主要是木材，虽然后来用石头建造寺庙，但沿用的仍是木构技术，如印度佛教建筑窣堵波，起初是半球形的土丘，后来用砖石砌筑表面，但其周围的石制栏杆在装饰上完全模仿了木构造的形式（图2-6）。北美的建筑也以木屋为主，因为早期的欧洲定居者或

图2-5　洛可可教堂，通过粉刷“灰泥”来模仿石材
资料来源：WESTON R. Materials, form and, architecture［M］. New Heven, CT: Yale University Press, 2003: 49.

图2-6 窣堵波的石栏杆完全模仿了木构造形式
资料来源：（英）派屈克·纳特金斯. 建筑的故事［M］. 杨惠君，译. 上海：上海科学技术出版社，2001：113.

征服者，难以在这片大陆找到石材和石灰，如今留存下来的那些以橡木、茅草或白杨木瓦为屋顶的建筑，表明了不同的欧洲渊源。

这个时期，自然、宗教、哲学和皇权主要影响着材料的表现，虽然每一阶段技术的进步和理论研究都推动了材料的发展，但材料的运用始终隐含在建筑创作的精神表达中。无论是中国宋代的《营造法式》、清代的《工程做法》，还是西方维特鲁威、帕拉第奥的建筑理论，对于材料的论述都倾向于做法的模式化阐述。从古罗马混凝土技术的发明、消亡到洛可可建筑中材料的使用由主导向从属的转换，从中国唐宋建筑中斗栱的明晰传力方式，到明清时期的繁复表现，说明材料的运用技术在当时的建筑理念中并未占主要位置。

2.1.1.2 工业革命之后建筑中的材料表现

虽然早在古罗马时期就有混凝土的发明并在建筑中使用，但建筑最主要的材料还是传统的砖石和木材等。由于这些材料自身的局限性，千百年来，建筑都停留在沉重、繁琐、功能欠缺的状态中。18世纪中叶，工业革命的成功使西方许多国家在经济文化、科学技术、城市建设等都以空前的规模发展，在建筑界，许多新型建筑材料的应用引发了建筑的大革命，建筑在高度和跨度上突破了传统的局限。18世纪70年代，铁开始应用于建筑界，到19世纪中叶，铁成为所有制造业的核心组成，铸铁技术带来钢铁结构的发展。起初应用在桥梁、铁路、船只建造上，而这些工业产品为建筑提供了适用技术和经验，人们逐渐认识到钢铁的坚固性和良好的防火性能。19世纪40年代，平板玻璃开始工业化生产，并在建筑上应用。

图2-7　1851年，帕克斯顿以玻璃和钢铁构建的“水晶宫”开创了建筑机械化、装配式的施工模式

资料来源：http://www.ch.zju.edu.cn/RWKJ/SJWMS/15.

工业化的生产为建筑的构筑方式提供许多途径。首先，不仅建筑构件的生产采取了工业化，有些传统材料也进行工业化生产，如机制砖的生产和发展出的各种形状、图案和色彩的新砖型；其次，实现了机械化和模数化的设计构想以及现场组装的装配式施工，保证了施工的精度和速度。1851年伦敦博览会上的“水晶宫”（图2–7）就证明了这种生产方式的效率。但就其当时总体建筑表现而言，传统材料如木材、砖和石材等仍然扮演着主要角色。从18世纪中叶到19世纪中叶，在欧洲和北美的建筑发展中，希腊复兴、罗马复兴、巴洛克复兴、哥特复兴、浪漫主义等，热闹地进行着建筑风格的表演，这股风潮使建筑师养成了墨守成规的习惯。由于传统审美定式的作用，钢铁大多作为建筑的结构支撑被隐藏起来，有时仅仅用于阳台和栏杆图案的编织上。玻璃也没有广泛运用，没有突破采光和装饰的功能。

但工业革命带来的新材料、新技术终究是不可忽视的，它们形成了新的建筑结构体系，它与传统建筑形式的矛盾逐渐突出，促使建筑师去思考材料的表现内容，并通过建筑实践来验证。约翰·拉斯金在《建筑七灯》和《威尼斯之石》等专著中支持哥特式复兴，认为在这种建筑模式中，砖和大理石诚实地建构和装饰，而不去隐蔽支柱；德国建筑理论家森佩尔在《建筑的四个要素》一书中指出材料的装饰要比结构框架更具根本性①；英国艺术家威廉·莫里斯发表理论的同时也付诸了实践，由他领导的“工艺美术运动”主张恢复中世纪手工艺制造的局面，认为当艺术家亲自创作建筑时，也就自然注意到材料的性能和制作工艺。他运用传统材料以手工操

① （英）大卫·沃特金. 西方建筑史［M］. 傅景川，译. 长春：吉林人民出版社，2004：422.

作的建筑实践来说明，当建筑师不再因袭古典的细部时，才能真实地表现出材料的天然特性。

2.1.2 19世纪中叶至20世纪初的材料表现

这是建筑从古典时期向现代主义时期的过渡阶段，随着钢和钢筋混凝土应用的日益频繁，新功能、新技术与旧形式之间的矛盾日益尖锐，建筑作为物质生产的一个部门，在适应新社会的要求下试图摆脱旧技术的限制，摸索着材料和结构的更新。铸铁、锻铁和玻璃的结合使许多新类型的大空间、大跨度建筑如火车站、工厂和大型市场得以实现，虽然其造型仍具有古典色彩，但建筑空间已经突破了传统局限。

19世纪中期以后，钢筋混凝土结构技术开始出现，使混凝土结构在受拉和受压两方面都具有良好的性能。19世纪末，混凝土中的钢筋达到了比较完善的配比，逐渐成为主要的建筑结构材料。钢材也是这个时期的工业社会中最普遍的材料，钢和混凝土一经使用，便促使人们对建筑新的结构形式进行思考。1889年巴黎博览会上的埃菲尔铁塔（图2-8）和机械馆建造，展现了钢铁技术的进步，促进了铁在工业以外建筑上的使用。同时期，美国的铝品冶炼业产量逐年高升，到了20世纪20年代铝开始作为住宅的防水层而成为一种建筑材料。

尽管有这些材料的发展和技术的革新，但古典主义建筑传统并没有立刻消亡，这直接影响到新材料技术的应用和表现形式。从19世纪80年代到20世纪最初的十年间，出现许多歧见纷纭的建筑学派，他们试图将民族主义与进步观念和美学思想、科学理念联系在一起来发展建筑。如19世纪末的新艺术运动，创造了一种关于建筑表面应用和装饰的艺术，其建筑特征是在建筑立面使用多种不同材料形成流动感的形式，即以玻璃、铁、混凝土、砖石的多变组合隐喻建筑形体的有机性（图2-9）。19世纪80年代，美国的芝加哥学派创造了摩天楼，有砖石结构和金属框架结构，但建筑的砖石外墙仍延续着传统的细部。此时的先锋建筑师也进行着自己的尝试。曾是森佩尔学生的奥地利建筑师奥托·瓦格纳将古典主义建筑的精髓归结为对材料、结构、功能的合乎逻辑的表述；当瓦格纳还没有完全拒绝装饰的时候，阿道夫·路斯就开始极力反对装饰，提倡素净的外表和建筑元素之间的比例关系。1905年，赖特采用了按模数制造的金属和玻璃配件，运用可拆分的设计手法创作了纽约的拉金大厦，将工业方法引入到材料的组装上。之后，赖特没有过于强调现代技术，而是运用钢材、砖石、红木和钢筋混凝土，创造出一种与自然环境相结合的草原式住宅（图2-10）。1909年，建筑师彼得·贝伦斯结合大工业的生产技术，设计了被称作是第一个现代主义的建筑作品——透平机车间。他大胆采用钢铁和玻璃等新材料，展现了大面积玻璃幕墙。但本

图2-8　1889年的埃菲尔铁塔显示了钢铁结构技术的进步

资料来源：WESTON R. Materials, form and architecture [M] . New Haven, CT: Yale University Press, 2003: 76.

图2-9　新艺术风格——由吉马尔德设计的巴黎地铁入口

资料来源：（美）约翰·派尔．世界室内设计史 [M]．刘先觉，译．北京：中国建筑工业出版社，2003：231.

图2-10　草原式风格的达娜·托马斯住宅

资料来源：（英）斯宾塞尔·哈特．赖特筑居 [M]．李蕾，译．北京：中国水利水电出版社，2002：79.

图2-11　法古斯工厂展现出格罗皮乌斯对于新材料的应用技术理念

资料来源：（英）派屈克·纳特金斯．建筑的故事 [M]．杨惠君，译．上海：上海科学技术出版社，2001：175.

来是钢骨架的建筑却在转角处做成沉重的砖石墙体，说明此时的建筑师在面对新结构与传统审美的矛盾中仍在徘徊。1913年，由格罗皮乌斯设计的法古斯工厂以玻璃幕墙绕过挑出的建筑转角，将材料的技术理念提升到前所未有的高度，这种结构构件的外露、材料质感的对比、内外空间的沟通等设计手法都是全新的（图2-11）。1914年的科隆展览会上，人们对“标准化”展开讨论，认为“工业产品的数学之美”是此时代

图2-12　陶特的玻璃厅展示出对玻璃的创新应用
资料来源：http://germanhistorydocs.ghi-dc.org/images.

的设计特点。展会上，布鲁诺·陶特设计的玻璃展厅其传统样式的穹顶用菱形玻璃模块构件（图2-12），墙体采用的玻璃砖和室内的玻璃地板意在唤起人们对玻璃的关注。20世纪20年代初，德国年轻知识分子中开始流行一种新客观主义的思潮，提倡现实主义的社会态度，穷究技术本身的逻辑性与理性，按此规律来解决建筑的问题和社会大众的需要。

建筑新材料、新技术的迅速发展，一次次将新的空间梦想变为现实，不断冲击着古老的建筑学概念。就是这个阶段的建筑探索，使建筑观念摆脱了原来与手工业的砖石结构相依为命的复古主义、折中主义的美学羁绊，初步踏上了现代化的道路。虽然建筑师经常会以新材料新技术继续模仿传统结构，但这些实践构成了理解新材料性能和现代建筑的基础。

2.1.3　20世纪初至80年代末的材料表现

20世纪上半叶的两次世界大战加上经济危机，世界各国都不同程度地出现经济和政治上的问题，建筑师不得不注重建筑的经济性，追求由合理化和标准化带来的最大生产效率，而社会的动荡也在客观上促使人们接受新的建筑思想和艺术风格。现代主义建筑师主张建筑形式追随汽车、轮船、厂房等“精确”的工业化风格，他们大量运用钢、混凝土和玻璃等材料来丰富材料表现的现代语汇。20世纪六七十年代，西方世界出现信息化、知识集约化等信息社会的结构特征，“信息消费型”的审美观逐渐取代“物质消费型”的审美观。于是，现代建筑的单一化风格被后现代“双重译码”的建筑风格所取代。这一系列风格的演绎使材料的表现处于多元的变换之中。

2.1.3.1　现代主义建筑时期的材料表现

识别现代建筑的一个很大标志在于新材料的运用，20世纪20～30年代出现的现代主义建筑，其共同特点是大量使用钢、钢筋混凝土、玻璃等现代工业化材料，充分展示新技术和新结构，造型简洁，注重功能。这种表现新时代精神的建筑风格高效地解决了社会需要，得到了普遍认可，立刻在世界各地传播开来。从现代主义的审美中，人们萌发出对新材料的感悟和建筑形式的新颖概念。金属建筑材料如铝、不锈钢和搪瓷板开始用作建筑的饰面材料，玻璃砖也流行起来，用橡胶和沥青等材料制成的复合砖逐渐推广，木材制品中的胶合板质量得到改善……这些新材料形成的建筑形态简洁有力，不断促成建筑师对旧的建筑样式和构图规则的变通。

现代主义建筑流派和建筑大师的实践使材料的性能得以充分发挥，同时为新材料和新技术的共同发展指引方向。德国的包豪斯学校体现了形式同材料工艺的一致性，形成符合材料力学原则的理性建筑（图2–13）。其校长格罗皮乌斯极力推广标准化，由他设计的柏林多层公寓"西门子城"，其白粉墙、平屋顶、大玻璃窗、宽敞阳台、立方体等特征是标准化生产的结果，它影响了"二战"后大量住宅的建造由预制构件进入到全预制装配的工业体系。柯布希耶在20世纪20年代提倡"工业"的美学观，认为比例是处理建筑体量与形式中最重要的，正如萨伏依别墅所表现的精准比例、简洁的几何形体和纯白的墙面。即使他在"二战"后创作了粗野的马赛公寓，从其美学观看，也同他之前倡导的纯洁性相一致的，即认为美是通过调整建筑自身的平面、墙

图2–13　包豪斯校舍体现了建筑形式同材料工艺的一致性

资料来源：（英）派屈克·纳特金斯. 建筑的故事［M］. 杨惠君，译. 上海：上海科学技术出版社，2001：175.

面、空间、色彩、材料质感的比例关系来获得。柯布希耶以混凝土表现的朗香教堂厚重的质感和粗犷的肌理效果，同时体现出结构所内含的能量概念。密斯指出“工业化是一个材料问题”，他所做的范斯沃斯住宅、西格拉姆大厦（图2–14）以及柏林新国家美术馆等建筑成为以钢和玻璃建造热潮的催化剂，他将形式置于技术之下，刻意表现材料的特色，建筑的透明性、整体性及艺术性成为玻璃幕墙构造技术和其他材料技术的焦点，但同时他也对传统材料如大理石和砖进行艺术展现。此时的赖特注重传统材料和新材料的共同表现，坚持以材料的自然本色为美学观点，主张从工程和艺术的角度理解各种材料的天性。在他的有机建筑中，将材料的本性、设计意图以及整个实施过程联系成一个整体。芬兰的阿尔托以砖、木材、金属形成地方人情味的建筑，将人性化的设计与工艺学结合，他和赖特都试图在工业化中渗透手工业，在现代化中反映传统（图2–15）。

20世纪50年代以后，注重高度工业技术的倾向兴起，各种新材料如高强钢、硬铝、高强度等级水泥、钢化玻璃、各种涂层的彩色与镜面玻璃、塑料和各种粘合剂，不仅使建筑向更高、更大跨度发展，而且宜于制造体量轻、用料少、能够快速装配、拆卸的建筑。近现代以前，传统材料技术的缓慢发展使建筑结构无法摆脱重力的束缚，而现代建筑结构从单纯的支撑体的概念中解脱出来，结构材料的表现不需要过多的附加装饰就能完整地把材料的结构形式展示出来。在新技术和新观念的驱使下，“非物质性”的表现成为一种建筑理想，厚重的墙体被细细的金属柱取代，白色的表皮更强化了这种“轻”的意象，而玻璃的透明性更削弱了建筑实体感。从20世纪中期开始，结构技术在世界范围内的发展突飞猛

图2–14　以铜与玻璃构筑的西格拉姆大厦

资料来源：（英）派屈克·纳特金斯. 建筑的故事［M］. 杨惠君，译. 上海：上海科学技术出版社，2001：178.

图2–15　阿尔托运用地方材料表达“人情化”建筑（玛利亚别墅）

资料来源：刘先觉. 阿尔瓦·阿尔托［M］. 北京：中国建筑工业出版社，1998：5.

进，建筑界对各种结构体系的探索也愈加活跃，折板、薄壳、悬索与各种三向度空间结构的出现，为建筑材料的运用提供更广阔的空间。

总的说来，一方面，现代建筑摒弃了附加的装饰，表现材料成为获得现代建筑细部的一个重要来源。另一方面，根植于结构理性的现代建筑过于偏重材料的结构性能所带来的空间变化，忽视了材料的文化性、艺术性和人性化的表达，压抑了材料的表现力。而世界各地对现代建筑风格的模仿更是造成建筑场所感和地方特色缺失的直接原因。此外，对于传统建筑材料的运用主要侧重在装饰上，没有过多地挖掘它们的结构性能。

2.1.3.2　后现代主义建筑时期的材料表现

现代主义的钢筋混凝土建筑发展到20世纪六七十年代被认为是野蛮的建筑风格，在60年代经过修正的现代主义，过渡到70年代的后现代主义，进入了表现个人主义和现代技术的建筑多元化世界。一方面，建筑师通过诙谐的革新把创作的旨趣提高到一定水平上，他们对材料的表现是形式上的多元取向，注重精神意义的表达；另一方面，建筑师开始关注建筑与环境的关系，他们不但关心计算机和其他先进技术带来的影响，同时关心生态、文化与技术的相互关系，这些理念都在“高技术”和“环境”标签下急速扩大，并体现在材料的运用上。

后现代主义建筑师罗伯特·文丘里受到波普艺术的影响，在《向拉斯维加斯学习》一文中力主“装饰外壳”，带动了当时的设计者采用各种材料以拼贴的形式戏谑地表达古典符号。虽然这样的做法使建筑形式具有很强的可读性，但它们并不能充分显示出材料的本质内容，设计者大多没有运用社会提供的新技术成果，而是转向过去，以材料表达一种美学倾向。如美国建筑师查尔斯·摩尔所做的新奥尔良意大利广场，以金属、石材和涂料粉刷来表现古典建筑构件，诸如此类的带有调侃意味的材料运用手法在当时非常流行。如果说后现代主义建筑在对早期现代建筑抽象性的反思中找回了建筑的具体性，却由于过多地依赖建筑意义上的阐释和形象化的象征而忽略了材料本身的实在性（图2–16）。即便如此，许多材料在结构表现上仍取得了重大进展：钢结构建筑不仅仅是表达建筑的宏伟与坚固，也逐渐显现温暖的文化性和人情味。工程师在对钢铁结构的模型分析中，构造出三维结构的钢铁空间网架，并获得惊人的跨度；玻璃幕墙技术迅速发展，成为建筑围护结构和承重结构的主要材料之一；钢筋混凝土的壳体结构表现出各种有机的建筑形式；木制网架、金属网架等在肩负结构作用的同时，又成为空间造型的主体。

建筑技术设备的迅速发展，和对能源的利用从根本上改变了建筑设计和材料运用的方式。变化、适应、更新和废弃这些因素都影响材料的表达形式，对环境的关注，使人们开始探索临时的、可扩展的、可灵活变通的多维度建筑。如在1970年的大阪世

图2-16 以材料拼贴的方式表现古典建筑符号的后现代主义建筑
资料来源：http://www.863p.com/Construction/landLI.

图2-17 充气建筑：1970年的富士展览馆
资料来源：（英）大卫·沃特金. 西方建筑史［M］. 傅景川，译. 长春：吉林人民出版社，2004：139.

界博览会上，出现了许多气动装置和充有介质材料的展览馆（图2-17）；又如在1972年慕尼黑国际奥运会比赛场的设计中，结构工程师运用相反曲率中的张力原理建成一个巨大网状的篷式屋顶。从中可以看出人们对塑料覆盖的空间和帐篷状结构的兴趣，这也是建筑师对轻质材料和轻质结构的探索。

2.1.4 20世纪80年代末至今的材料表现

21世纪前后是建筑界革新和具有非凡创造力的时期，是超现实主义、结构主义、解构主义、有机建筑、生态建筑、极少主义等建筑风格多元化展现时期。建筑技术的不断发展使这种多元化的建筑创作成为可能，大量新材料进入建筑领域的实践当中，同时，建筑师更加注重材料运用中的“人”和“生态”等因素的体现，丰富了材料的表现力。

此时的大多数建筑还依然采用钢材和混凝土作为基本建筑材料，究其根本是没有脱离20世纪现代主义建筑奠定的结构基础。但当今信息技术支持的可变性生产方式取代了简陋的标准化体系，计算机技术为开发现代建筑中较受冷落领域的潜力提供了可能性，技术所拥有的理性和秩序，形成新的美学观。建筑结构设计不再停滞于技术工学的范畴，开始向建筑空间论发展，并为悬挑、薄壳和薄膜等结构的完善提供了保障。在钢结构建筑中，结构支撑发展为结构表现，如拱券、网架、网壳、悬索等大跨度空间，将钢的力度和精巧细致的质感表现出来；更多的工业材料如铝合金板、铜板、锌板、钛合金板、金属网、金属穿孔板、胶合板、混凝土板、塑料板、陶板、ETFE薄膜等材料的应用，逐渐从装饰和构造的范围扩展为结构材料，人们运用这些材料创造的空间形态逐渐摆脱了传统束缚。由于新材料技术向传统材料的实验性引入，传统建材重新作为当代材料被广泛运用。如集成材的使用和木结构技术的发展，

图2-18　当代木结构表现的大跨空间
资料来源：王静．日本现代空间与材料表现［M］．南京：东南大学出版社，2005：42.

图2-19　运用智能材料模仿生命系统的生态建筑
资料来源：李东华．高技术生态建筑［M］．天津：天津大学出版社，2002：35.

使木结构跨越了传统的技术界限，发展出曲线、大跨度等结构，并以独特的造型和质感展示出传统材料的魅力（图2-18）。在混凝土建筑中，清水混凝土显示出像白色木材一样自然细腻的纹理，设计者运用它均质而朴素的形象来体现对空间的深层思考。

高科技、计算机网络、生态成为当今建筑的三大问题。计算机及网络使建筑形态自由化和空间虚拟化，如当代建筑的结构体系和围护体系不断的轻量化，透明材料的广泛应用又削弱了材料的物质感，从而带来建筑实体形象的消失。20世纪80年代中期人们提出了智能材料的概念，这是模仿生命系统（图2-19），感知环境变化并能实时地改变自身与变化后的环境相适应的复合材料的应用，如由芯片、驱动器、连线“神经”及感应表皮所组成的人工智能材料，以其“交流”为特征的表现已经超出材料的物质性，它围合的智能环境与人之间的互动使建筑空间更具开放性。为应对全球资源的枯竭和环境恶化的危机，来自物质文化层面的节能、环保和生态设计等理念越来越引起建筑界的关注，使设计者在材料的运用上产生了更具战略眼光的思考。

2.2　材料表现的历史模仿特征

人类美学思想萌芽存在两种倾向：一是自然主义倾向，强调美在于模仿或逼真地再现自然物体，偏重的是“感觉”；二是形式主义倾向，强调美存在于线条、形体、色彩的组合与关系中，这种倾向偏重“理性”[①]，需对模仿对象进行抽象与转化。建筑

① 刘先觉．现代建筑理论［M］．北京：中国建筑工业出版社，1999：409.

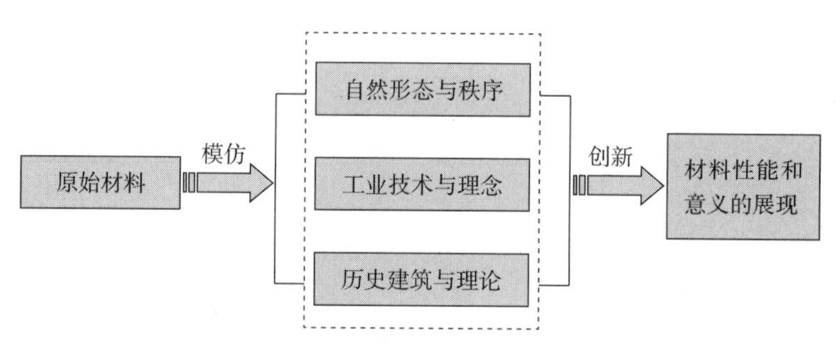

图2-20　材料表现的历史模仿特征

是一种艺术，是感性和理性的结合，作为建筑基本要素的材料，也涵盖这种特质。综观建筑历史，自古希腊至19世纪的古典主义，从建筑创作的角度分析，主要以自然主义倾向为主导，设计者多注重感觉和经验；自20世纪前后以至现代建筑运动以来，由于工业的快速发展和技术的成熟，理性的设计方法占据了主流。但无论是受“自然”的提示，还是受“工业”进步的影响，建筑的发展都是在对“历史”建筑的继承与批判中进行的，这种特征在建筑材料的发展历史中表现得尤为突出（图2-20）。

2.2.1　对自然的模仿

建筑作为人类文化的一部分，来源于人类的知识，而人类的知识来源于先人的传授和自然万物，归根结底是人类对于自然知识的不断积累。人们选择自然万物作为模仿对象，是因为它们的结构体现在表面，易于把握，山川和植物的外表特征或动物筑窝的方式就给予了人类许多构筑房屋的启示。起初，人们从自然界获取建筑材料，就相应地模仿这种材料在自然界中的表现形式，从模仿过程中逐渐了解材料的特性，然后再尝试着模仿自然界中的其他形式，来发展材料技术和研制新材料。在科学还不发达的时代，宗教对于建筑的发展起着重要的作用，大多宗教都将自然作为祭拜的对象，而其他哲学也不断地颂扬自然，并思考着自然的种种现象，这些意识形态无不影响着材料对自然的模仿。随着人类对自然认识的深入，发展了自然科学，人们发现种群间存在着普遍的相似性，这种相似性是动植物存在的“原型”，也是新物种产生的根源，这种对自然生物的认识引发人们探求建筑本源的倾向，而这又不得不从最基本的材料开始寻求。

2.2.1.1　对自然表象的模仿

19世纪末，英国的班尼斯特·弗莱彻爵士在其建筑史著作中描绘了三种原始的构筑物：一是洞穴，人们仿效自然的洞穴形态在岩石山土中开凿，或以石块砌筑而成；

二是茅屋，它是对自然界植物藤架的模仿；三是帐篷，是由人们躺在动物毛皮或羊皮搭成的遮蔽物下的习惯发展而来的[①]。正是这些“自然原型”形成了后来建筑的本质，也正是人们在对自然原型的模仿中，不断探索出各种建筑材料的性能和表现力。

设计者在对自然界形象认识的基础上进行抽象，运用隐喻的手法将理解编织于建筑材料中。在古代建筑中，除了建筑材料全部来源于自然以外，建筑中还大量模仿从自然界中提取出来的装饰图案：埃及建筑中的圆柱起初是模仿纸草三棱形的茎秆，纸草花的柱头是由建筑中为增强泥巴墙牢度所使用的苇束转化而来的，只不过苇束用石头来表达了；古罗马时期的茛莨叶、巴洛克动感十足的装饰图案，都以石材来表达自然的和谐；19世纪的工艺美术运动和新艺术运动主张将传统材料和工业材料相结合，以回应自然形态为主要宗旨（图2-21），于是，模仿自然形态的设计大量出现在木材、石材、钢铁和玻璃建筑的细部装饰中。在许多建筑大师的作品中也都体现了他们对自然的崇尚和为了达到这种目标所表现出对材料的驾驭能力。西班牙建筑师高迪在巴塞罗那设计了许多带有明显动物骨骼形式的公寓建筑，并以玻璃、陶片、瓷砖和石块砌成波浪形墙体及异形构件，这源于他对自然界各种形状的理解（图2-22）；伍重在悉尼歌剧院的设计中，选取陶瓷砖为表面材料是对贝壳质感的抽象表达；德泽索·艾克勒为匈牙利泰卡露营地设计的接待处，其稀松参差的木板覆层让人联想起鸟

图2-21 拉斯金在《建筑七灯》中绘制的哥特式的“原始自然”
资料来源：WESTON R. Materials, form and architecture [M]. New Haven, CT: Yale University Press, 2003: 72.

图2-22 圣家族大教堂表现出高迪对自然形态的理解
资料来源：（英）派屈克·纳特金斯. 建筑的故事 [M]. 杨惠君，译. 上海：上海科学技术出版社，2001：168.

① WESTON R. Materials, form and architecture [M]. New Haven, CT: Yale University Press, 2003：11.

图2-23　稀松参差的木板覆层模仿了鸟翅的形态与质感

资料来源：WESTON R. Materials, form and architecture [M]. New Heven, CT: Yale University Press, 2003: 177.

图2-24　被切开的石材贴面露出以玻璃塑造的结晶体形态

资料来源：WESTON R. Materials, form and architecture [M]. New Heven, CT: Yale University Press, 2003: 165.

的翅膀（图2-23）；在霍莱因设计的博物馆塔楼中，以石材、玻璃和金属模仿水晶的形态，从切开的石材贴面中露出了结晶状的金属和玻璃立面，形成了“水晶簇”的效果（图2-24）。

但对于现代建筑来说，除了部分使用自然材料以外，似乎很难将建筑与自然联系在一起，无论是简洁、理性的结构还是“钢筋铁骨”的玻璃外皮，都带有强烈的人工意味。即便如此，建筑与自然的联系从未中断过，有时是以更加抽象、概括和含蓄的方式出现。现代钢筋混凝土结构由于构件之间能产生连为一体的刚性连接，可以充分表现出可塑性，埃罗·沙里宁就发挥了混凝土的可塑性来表达建筑的有机形态，他所做的飞鸟形候机楼，其灵感便来源于自然界的生物。因此，设计者、建筑、材料与自然始终密切关联，只是在不同时期有不同的表现。

2.2.1.2　对自然秩序的模仿

18世纪，M.A.罗杰埃在《论建筑》一书中这样描述建筑的始源：“森林的落枝是适合建造的好材料，野蛮人选择了四根结实的枝干，向上举起并安置在方形的四个角上，在其上放四根水平树枝，再在两边搭四根棍并使它们在顶端相交，他在上面铺树叶以遮风挡雨，于是人类有了房子。”[①]原始质朴的茅屋体现了最基本的完美性，并包含了一切建筑元素的胚胎：垂直方向的枝干使人想起柱子、水平环绕的树枝使人想起檐口、相交的顶部是山墙的启示（图2-25）。在罗杰埃看来，以小茅屋为原型，所有的建筑奇迹都能被构想出来，这种理念启发了后来的建筑理论家和实践者。如在建筑结构和表皮形式方面，黏土和芦苇的房子、日本的纸和木头的房子都是19世纪铁和玻璃结构以

① M.A.Laugier. Essaisur I’Architecture. Duchesne [M]. Paris: ChezDuchesne, 1753: 12.

及现代钢与玻璃结构建筑的雏形和先导。

罗杰埃理论的要点是自然本身代表了基于原始茅屋之上的秩序的根本种类，同时也代表了另一种秩序，即按照牛顿的物理学指导原则的几何观念，这些引导人们从以往种类的排列中去发现建筑的普遍原则[①]。在文艺复兴或现代主义“清教徒”气质的建筑中，我们无法直观到“自然”的痕迹，但在它们外表所显示出的精确和科学的比例中，蕴含着自然界永恒的规律，就像古希腊数学家毕达哥拉斯发现的“数”之美、文艺复兴的达·芬奇和帕拉第奥发现的新比例关系那样，当代精密的计算机运算出的各种复杂的比例关系，很多都是自然界所存在的。赖特指出：“我们可以在所有自然生物固有的过程中演绎出规律，用做好的房屋的基本原理。”[②]随着社会与科学的发展，人们不再局限于对自然界物质外观的模仿，而是开始关注动植物内部有较强适应性的组织结构。当代建筑师依据工业材料的生产和加工过程发展起来的模数制建筑，在某种程度上借鉴了自然界生物体的组织结构，他们试图按照不同生物的内在细胞排列秩序赋予建筑全新的形象，按照这个模式，建筑与自然界产生了一种微妙的关系，人、建筑和自然环境便成为一个相互联系的整体，这种关系是当代建筑师正在探索的，它需要通过材料这个媒介来进行融合。

图2-25　M.A.罗杰埃对原始屋架的设想

资料来源：WESTON R. Materials, form and architecture [M]. New Heven, CT: Yale University Press, 2003: 10.

当今，人们在对自然生物和自然规律的模仿中创造生态建筑以缓解环境恶化的问题。在自然界的有机体中，皮肤被看作是内部组织的象征，当代建筑的智能表皮模仿自然生物的表皮系统，使其与建筑的内部结构一同生长，这种方式促进了新材料的产生和传统材料性能的发挥，而从材料角度考虑的仿生或有机形式的设计又促进了材料技术的发展。人们在对自然的模仿中探索建筑的形式、研究材料的表现方式，在这个过程中，材料的运用经历了从单纯地模仿到涵盖了“人”“环境”等内容的模仿，从而丰富了材料发展的途径。

① 刘先觉. 现代建筑理论 [M]. 北京：中国建筑工业出版社，1999：306.

② （美）弗兰克·劳埃德·赖特. 赖特论美国建筑 [M]. 姜涌，等译. 北京：中国建筑工业出版社. 2010：37.

2.2.2 对工业的模仿

图2-26 圣热纳维埃芙（St. Genevieve）图书馆以铸铁来表达古典建筑形制的优雅

资料来源：http://www.saed.kent.edu/SAED/History

自18世纪中叶的工业革命开始，产品的工业化生产逐渐取代了手工业，从而也影响了人们的传统建筑观念，人们不再只使用自然材料和传统手工业材料，而是开始面向“工业”。工业生产不仅改进了传统材料性能，更重要的是带来了许多新材料和新技术，工业产品的工业在生产模式的深入人心，使建筑师开始以工业理念来探索建筑材料的使用。法国建筑师拉布鲁斯特在19世纪中期设计的巴黎圣热纳维埃芙图书馆（图2-26）是最早的将铸铁以一种理性和诗意的方式同工业化联系起来的建筑实例之一，室内细长的支柱和雅致的拱顶形成了一套独立的铸铁的体系。同时期的维奥莱·勒·杜克也较早地采用了钢铁等新材料，在一个音乐厅的设计图中，他将钢铁和砖建成的穹顶架在一个像是火炉烟囱的钢支柱上，虽然并不优雅，但却是建筑师对工业化社会的探索式回应。工业材料的运用要求必须发展出与之相适应的技术，而技术的发展还必须创造出可以工业化使用的材料来，它们应该轻质、经济并具有良好的性能。

汽车、轮船、飞机和桥梁等建造材料的生产已经采用工业的定型化和标准化，使其节省了成本并提高了效率，为建筑的发展带来许多启示，建筑也必须具有这样经济性和纯净性的特点。20世纪初的先锋建筑师提倡建筑的生产应该模仿工业的模式，于是，建筑材料的生产、发明和组装被机器产品的世界所吸收。勒·柯布希耶指出应建立由于工业发展而得到解放的美学观，他说：“飞机的教益在于指导着问题的提出和解决的逻辑”①，他以粉刷了白色的混凝土建筑来表达“房屋是居住的机器”的理念和逻辑。密斯也主张建筑必须具有时代性，他所做的一系列钢和玻璃的摩天楼建筑，刻意表现材料的特色，将建筑形式置于技术之下，这是他对其观点“建筑业的工业化是一个材料问题”的验证②。现代建筑中，即使有传统材料的运用，其形式也倾向于工业美学的表达，如1923的全俄农业展览会上，V.A.舒科设计的咖啡馆

① 刘先觉．现代建筑理论［M］．北京：中国建筑工业出版社，1999：307.

② 同上。

和K.美尔尼柯夫设计的马哈烟展览厅，其木结构的形式表达是对工业的模仿和回应（图2–27）。

建筑材料对工业的模仿经历了标准化表现阶段和自由塑造的表现阶段，在现代主义时期，对工业的模仿使人们认为对材料的生产和运用应该是标准的，而后来设计者对以工业开发为目的的计算机程序的引用，使材料精准的塑造出复杂扭曲的建筑形态。20世纪70年代计算机和信息技术导致信息化时代的到来，以及新材料、航空与航天、自动控制等现代技术的兴起。专门为太空航行工业开发的计算机程序可以进行精确的描绘和设计，许多建筑师将这种技术引入到建筑创作中，使数字建筑的立面以各种不同的形式进行弯曲、折叠和扭曲，形成十分复杂的三维造型，如弗兰克·盖里设计的古根海姆博物馆，就借用了航空设计的软件程序CATIA建模成型，用金属钛板作面层，呈现出“金属花朵”的形状；而蓝天设计组所做的“屋顶加建”综合了桥梁和飞机的结构原理，以钢材、玻璃和钢筋混凝土结构创造了一个十分复杂的形式（图2–28）。这些非线性建筑的表达是建筑师渴望充分利用计算机技术，以摆脱工业标准化的探索。但值得注意的是，不管是对工业标准化的模仿，还是对工业高技术的借用，由于建筑中大量地使用预制元件，建筑也成了工业产品，形成了一种建筑形式的确定依赖于生产和使用的精确分析，技术被赋予了压倒一切的文化力量，使材料的诗意表现淹没于人类创造的工业环境中，阻碍了材料的多样化展现。

图2–27　1923年俄国农业展览会上V.A.舒科设计的木构造咖啡馆

资料来源：（俄）M·Я金兹堡. 风格与时代［M］. 陈志华，译. 西安：陕西师范大学出版社，2004：32.

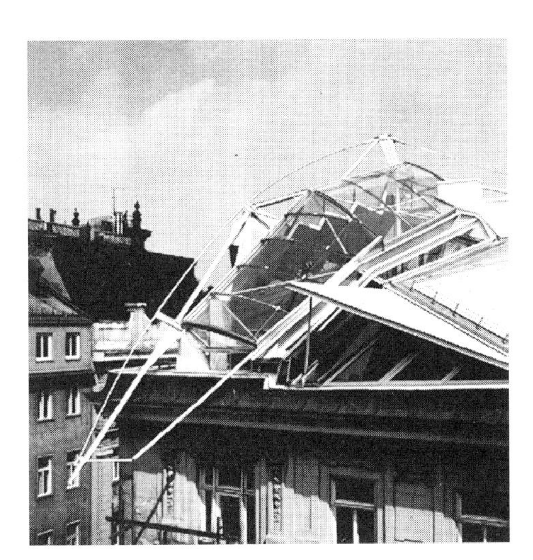

图2–28　蓝天设计组的“屋顶加建”

资料来源：http://1851.img.pp.sohu.com.cn/images/blog

2.2.3　对历史的模仿

马克思说："人们自己创造的历史，并不是在他们自己选定的条件下创造，而是在直接碰到的、既定的、从过去承继下来的条件创造。"①一般来讲，在历史中形成并发展起来的事物会形成一种模式，建筑活动如此，对材料的表现也如此。在新的材料语言还未形成、新的建筑结构问题还未解决时，设计者的思想经常会禁锢在传统的材料运用模式中，但一旦材料的性能和技术有所展现，设计者就会努力突破这种模式，在前人经验的基础上进行抽象和升华。对"历史"的模仿，主要是对历史建筑形式的模仿以及对历史建筑理论的再现。在新建筑中，设计者会以新材料表现历史建筑片断或以传统材料和新技术结合来表现新建筑，以此激起人们对往昔生活和建筑历史的记忆。

2.2.3.1　对历史建筑形式的模仿

对材料的表现如同对语言的组织，都是人类思维的产物。我们讲话的形式必须符合属于语言的逻辑法则，否则这句话就不能被人理解。材料表现也是如此，限定材料形式的法则不可能脱离历史上产生的表现形式而存在，它只能存在于原先的建筑内容之中。历史建筑是时间的陈列馆，即使由于空间距离使我们无法触摸它，也可以用眼睛感受它的质感、肌理、细部和建造的理念。

历史建筑中的材料语言具有悠久的传统和强大的现实魅力，它丰富的表现内容总能为各个时期的审美标准所接受，各个时期的建筑师都会或多或少的受其感染，当然对其理解和运用的方式各有不同。历史建筑形式的背后隐含着一个常规体系，人们习惯去探求这种稳定的因子来延续建筑的发展，同时也是寻求建筑材料发展的途径。不管人们模仿的是历史建筑的具体符号，还是对其进行了抽象，这种模仿的创新点在于用什么样的材料去表达或以何种技术方式表达。古埃及人在对石料的探索中，把早已在木材与土坯上使用的建筑技术转移到石头上，以木工镶嵌工艺或榫接方法将石块修整后平砌在一起，组成连续的表面，正如埃及庙宇上延续着的建筑传统更适合使用木材而并非石头，在这种材料技术与表现形式的传承中，人们了解了石头的性能，在石头上进行的雕刻是对材料物质性的本质体现，是石材对光的回应；1851年帕克斯顿的水晶宫虽然是以玻璃和钢构成的最早的"皮包骨"形式，不过在建筑形态上仍然使用标准的古典拱券（图2-29）。后来，欧文·琼斯对它进行了改建，由于受到古希腊神庙在彩绘方面的启发，他使用红色、黄色和蓝色的彩条与白色彩条相间，目标是要通过创造出一种建筑的风景来提升广阔和光亮的感觉；而后现代主义建筑师查尔

---

①《马克思恩格斯选集》第一卷［M］. 北京：人民出版社，1972：603.

斯·摩尔在新奥尔良意大利广场的设计中，以不锈钢来表现历史建筑中的古典柱式（图2-30），是用看似“矛盾”的材料来传达一种建筑的态度和意识。

当代建筑师对材料的表现在延续传统建筑风格的表达方式上既不属于任何一方，又同时属于任何一方的辩证理念完成了新老建筑的传承与转接。有时，建筑师会利用人们的传统审美惯性，去寻求一种“稳定”的材料来塑造永久的建筑形式。密斯曾说：“必须选用一些在我们建成后永恒不变的东西……答案显然是结构的建筑”[①]，他以钢和玻璃为手段，创造出“通用空间”和“纯净形式”的设计方法，并明确地将技术和结构的表达置于功能之上，然而，“古典的纯净”一直是密斯进行形式表达的目的，不论是巴塞罗那德国馆，还是西柏林新国家美术馆，都蕴含着古典建筑的比例与精神，都是表现材料与结构特征的“纯净形式”的实践（图2-31）。建筑的历史告诉

图2-29　“水晶宫”虽使用新材料和新技术，但仍表现为古典建筑形式

资料来源：http://www.gootrip.com/b1001025766.

图2-30　查尔斯·摩尔在新奥尔良意大利广场中以不锈钢来表现古典柱式

资料来源：（英）乔纳森·格兰锡. 20世纪建筑［M］. 李洁修，等译. 北京：中国青年出版社，2002：285.

图2-31　密斯以大理石、缟玛瑙和铬钢构建的德国展览馆蕴涵了古典建筑的比例关系

资料来源：（英）派屈克·纳特金斯. 建筑的故事［M］. 杨惠君，译. 上海：上海科学技术出版社，2001：179.

① 《Architecture Today and Tomorrow》1961: 64.

我们，通过对“历史”建筑形式的模仿，就是运用已知的形式来挖掘材料的性能，这不仅是认识材料的捷径也是进行建筑创新的手段。

2.2.3.2 对历史建筑理论的再现

俄国构成主义的建筑理论家金兹堡指出：“从过去的伟大建筑物中所能得到的教益，远不如从它们抽象出来的原理中得到的那么多。”①人们在对历史建筑的借鉴与继承中，除了对直观上的形式、符号进行直接模仿或抽象模仿外，还不断地从历史理论中获取经验和灵感，将前人的理论与当代建筑的发展状况以及个人的构想相结合作为实践的指导思想，以此来革新建筑的表现元素。

19世纪与20世纪之交，对于建筑色彩新的理解和新的应用发展中，最重要的一点就是朴素的墙体表面从繁复的色彩装饰中解放出来，这种变化是源自墙面装饰的特殊理论。早在19世纪前期，德国建筑理论家森佩尔通过对古希腊和意大利的考古研究，发现欧洲的许多古建筑和纪念碑都曾经使用多种彩色涂料（图2-32），他称涂料是最微妙、最无形的外衣，色彩是赋予古典建筑以生机的最重要的因素，色彩优于形式。森佩尔对色彩的强调向建筑理论界提出挑战，认为建筑的真实性并不取决于它的内在结构，而是存在于适当的表面装饰。同时，森佩尔指出建筑墙体的起源是由编织艺术发展而来的，这个观点正好与认为结构和构造是建筑的起源的观点相反，在他的墙体外衣理论中，织物起着保护、覆盖、包裹和围绕的作用，是在一个结构层面内连续一致的二维平面物质，构造和色彩起着支配作用。森佩尔的理论影响了许多世纪之交

图2-32 19世纪前期建筑理论家对古希腊庙宇中色彩覆层的设想
资料来源：WESTON R. Materials, form and architecture [M]. New Haven, CT: Yale University Press, 2003: 28.

---

①（俄）M·Я金兹堡. 风格与时代 [M]. 陈志华，译. 西安：陕西师范大学出版社，2004.

的建筑师，如威廉·莱伯在1889年设计的英国格拉斯哥的坦伯顿地毯厂立面，在“织物”理论的启发下，他用砖来编织华美的立面，纺织图案的形象使建筑表面看上去像一件地毯织物（图2-33）。同时期的奥地利建筑师奥托·瓦格纳和路斯秉承森佩尔的理论，分别以维也纳邮政储蓄银行和路斯大厦的墙面石材的创新表现来发展这个早期的“表皮”概念。直到现在，我们在探讨表皮材料的形式内容时，仍然以这些理论为基础。

任何理论的发展和完善都是在前人的探索基础上进行的，不可否认个人的独创性，但他的知识的积累中也会有很大一部分来源于历史的教导。随着时代的进步和社会内容的丰富，历史与现实的结合或碰撞就会给人们带来许多创新的灵感。早在19世纪末，莫里斯就提出新建筑应该是“从泥土中生长出来的”，应该利用地方盛产的材料，以一种朴实自然的方式来进行建造（图2-34），虽然这种意识未形成一个完整的

图2-33　英国坦伯顿地毯厂以砖石编织的“地毯”外墙

资料来源：WESTON R. Materials, form and architecture [M]. New Haven, CT: Yale University Press, 2003: 92.

图2-34　莫里斯曾赞美中世纪英国的考克斯维尔仓库（上图），并以自己的作品“红屋”（下图）表达出以自然的方式进行建造的设计主张

资料来源：上图：WESTON R. Materials, form and architecture [M]. New Haven, CT: Yale University Press, 2003: 72.

下图：http://www.friends-red-house.co.uk/the_well.

理论，但其“有机”的创作观念却给予设计者许多建筑创新的启示。直到20世纪初，赖特总结出以草原式住宅为基础的有机建筑理论，在有机理论中，材料的本性，设计意图的本质，以及整个实施过程的内在联系都像不可缺少的东西能一目了然。当代的建筑运动是各种风格主义的共同演绎，是一场以赖特的有机理念为基础的崇尚自然的运动；是提倡柯布西耶的模数化、纯净化、粗野性和抽象主义、表现主义的多角度的设计方式；是宣扬阿尔托“人情化”设计理念的建筑运动。对这些建筑理念的再现、延续和突破，使建筑的发展和材料的表现更加多元化，也为整体建筑的创新增添了更多的可能性。

2.3 本章小结

米歇尔·福柯曾指出：“历史无疑是我们记忆中最博学的、最有意识、最自觉、也许是最零乱的领域，但它同样是一种所有人形成其闪烁不定的存在的深度。”①从建筑材料的发展史中，我们发现无论是传统材料还是新材料，自然材料还是工业材料，都是按照一定规律发展和逐渐显露性能的，这个规律就是“模仿”，虽然模仿的结果并不总是促进材料的发展，但人们总是要经过这个阶段来认识和理解各种材料的语言。本章从建筑历史中抽解出材料的发展史，通过对工业革命前后的建筑、现代主义建筑、后现代主义建筑和当代多元化建筑的不同时期建筑中材料表现的回顾，从中可以看出，在不同的地域环境、社会背景和文化背景下，建筑材料所呈现的特点也不同，但对材料的表现总是通过模仿“自然”“工业”和“历史”建筑等内容来发展和创新的，从而在材料表现的物质层面和精神层面丰富建筑创作的内容。

① (法) 米歇尔·福柯. 词与物：人文科学考古学 [M]. 莫伟民，译. 上海：上海三联书店，2002：19.

模仿中创新的材料表现内涵

塔尔德指出："人们的模仿会借用成千上万人的思想和事物呈现的逻辑加以组合，而这些底本的性质、选择及组合会加强和促进创新，这正是长期模仿产生的主要裨益。"[①]模仿创新概念本身具有一定的兼容性，把一向对立的模仿和创新有机地统一起来，兼有模仿的根基和创新的魄力，模仿创新面向所有传统已有的、和现在人正在创造的东西，兼传统文化与现代文化于一身。从建筑发展史中可以看出，无论是设计者有意识还是无意识，都不可避免地以模仿的方式来运用材料，但从模仿阶段达到创新的结果就需要分析"模仿创新"与材料表现所构成的系统内涵。"内涵"反映概念所指对象的本质属性的总和，这里就是指"模仿中创新的材料表现"概念所包含的构成要素和属性，对内涵的认识是力求在建筑创作中开辟出一条既延续传统又反映时代的材料创新之路。

3.1　模仿中创新的材料表现要素

"模仿中创新的材料表现"是以模仿创新的理论对建筑创作中的材料表现进行具体的指导，通过开拓思维将材料的应用拓展到更广阔的领域。本文将理论与材料的设计合并为一个整体，其中材料表现的基本要素、模仿要素和创新要素是组成这个理论必不可少的基本单元，要素本身具有层次性，相对它所在的系统是要素，而对于组成它的要素则是系统，模仿中创新的材料表现要素之间相互依赖、相互关联和相互影响，而模仿、创新又同时作为纽带将各个要素组织起来构成系统的有机性（图3–1）。

3.1.1　材料表现的基本要素

人类自开始从事建筑活动以来，建筑材料就成为建造者进行创作的重点。建筑材料作为一种基本的物质元素，既具有物理属性、力学属性等基本属性，又具有生态属性、视觉属性等特殊属性。要使材料的这些属性充分表现出来，则需要设计者从材料的多样构成和本质出发，挖掘材料的潜在性能。材料表现的基本要素包括创作主体和受众主体的"人"；表现对象，即建筑材料所涵盖的物质内容和精神内容；表现媒

① （法）加布里埃尔·塔尔德. 模仿律［M］. 何道宽，译. 北京：中国人民大学出版社，2008：14.

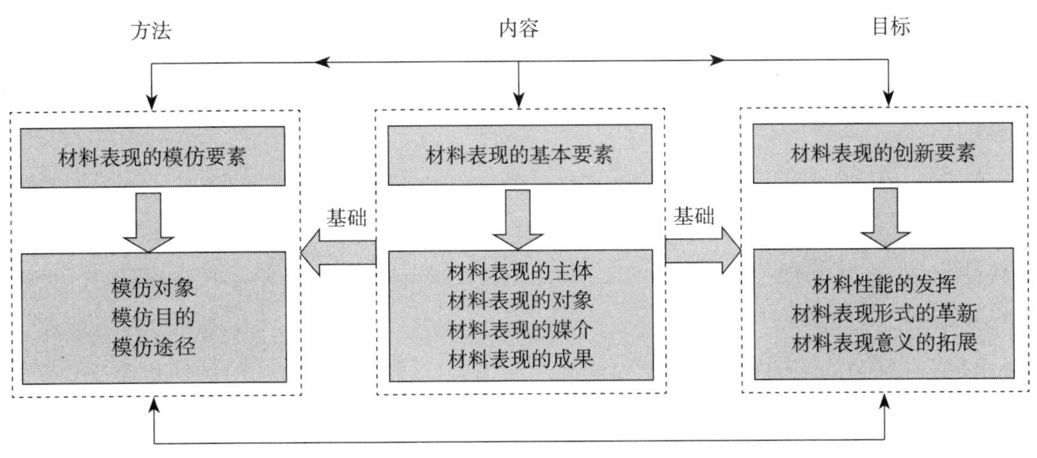

图3-1　系统要素分析图

介，即设计者运用各种理论和实践来展现材料的性能；最后是表现成果，材料表现的物质成果和精神成果的体现依赖于设计者对建筑材料本身和其他各种关系的驾驭能力。

3.1.1.1　材料表现的主体

社会、历史等客观因素使建筑材料的表现受到时间和空间的制约，每种材料的使用方式都和一定历史、地域、文化和技术发展水平紧密联系。尽管如此，设计者是对材料的表现进行模仿创新的主体，虽然外界因素影响设计者的创作意图，但材料表现的物质内容和精神意义仍旧是“人”来赋予的。每一历史时期，每一地域生活的人给予当时当地的建筑及其材料的含义都是他们对客观事物的理解和自己审美情趣的表达，如对技术美学、生态理念、哲学思想、传统文化等方面的认识，都能从他对材料的组织与运用中传达出来。

建筑材料表现的价值一般要经过创作、使用与反馈三个步骤来实现。创作过程由创作主体即设计者完成，使用与反馈则依赖于接受主体对其成果的理解。接受主体生活在传统与当代交织的环境当中，他们不能抹掉传统在头脑中的印迹，也无法抗拒社会发展带来的新事物和新理念，他们对建筑材料表现形式的需求和评价兼顾历史性和时代感。材料不单单是塑造建筑艺术的基础物质，它是为人而服务的，无论它们含有多么深层的哲理意义，所面对的使用者都会按照自己的文化素养、生活层次等方面来理解。材料的表现不仅需要设计者创作，也需要接受主体的再创作，一种材料的形式经过使用者不断地诠释才拥有深层的意义，以致达到艺术生命的延续。所以对材料的表现要以现实为基础，以实际生活为准则，以现实这个阶段人的行为模式和审美需要为设计依据。

3.1.1.2　材料表现的对象

材料表现的对象包括所有建筑材料和人们正在尝试和检验的在建筑中所使用的非建筑材料。在运用材料的过程中要展现它的物质内容和精神内容。材料表现的物质内容指向人的生理需求，即舒适、坚固、合理等，是设计中必须要满足的，它包括材料本身的性能、构造细部、组织形式及运用技术；而材料的精神内容包括设计者的创作理念和社会历史文化、时代内容的体现。

材料表现的物质内容和精神内容是同时涵盖在人们对于材料的组织方式上的，材料性能的展现也是美学属性的表露，而材料形式的演绎也交织着人类的思想。首先，对于材料的结构表现，建筑的结构和构造的设计立足于材料力学，技术的发展不断改变着材料的结构形式，引起建筑空间的一次又一次变革。在以建筑的艺术性表现为主的前现代时期，结构材料大多被隐藏于装饰表皮之后，而现代以至当代，材料的结构形式、构造及节点细部均成为展示体。第二，现代“表皮”概念赋予材料新的功能和意义。表皮并不具有一个清晰的概念，一方面它通常被理解为建筑空间的围护；另一方面，它又指围护结构的表层。瓦格纳和路斯对材料的实践是将建筑结构与表皮分离，这使得建筑既不漠视技术，又不完全被技术驾驭。当代建筑师对材料的研究逐渐由对材料结构属性的关注转向其表面属性，但不同于后现代时期强调表皮的符号和象征意义，虽然也有其浮表性，又有其实在性，除了具有结构和围护的功效，表皮材料有时也蕴含着空间概念，透露着建筑空间的层次与时代信息。第三，材料的形式表现一方面是材料结构、技术的结果，并以理性的、富于逻辑的形象表现出来；另一方面是人们出于精神需要和审美目的对材料质感、肌理的创造以及材料间的组织和拼贴，因此材料表现的美学内容经常会兼具功能和形式的双重意义。认识材料表现的对象，需要创作者从人的需求出发，全面分析建筑材料与建筑本身、与人、与社会、与自然的相互关系，这是把握材料表现内容的根本。

3.1.1.3　材料表现的媒介与成果

第一次工业革命以前，建筑材料不论是自然材料还是手工业材料都由人力生产，人们在一个个作坊里运用粗笨的工具进行着材料加工。到了近现代，大工业生产不但带来了新材料，也使得传统材料的加工更加精确。逐渐地，社会的进步和科学技术的发展不断丰富着人们表现材料的方式，对传统工艺的继承、新材料技术的运用、对建筑与材料理论的实践以及设计理念的传播均成为当代材料表现的媒介。

人们通过以上一种媒介或几种合并的方式来展示材料表现的成果，这种成果体现在对材料性能的充分发挥、对设计者意图的展现和材料与各种关系的协调和有机，其中最重要的是材料与建筑本体的有机。实际上，仅仅将有机建筑比拟为生物有机体的类比理论，并不能从本质上建构出有机的建筑，因为材料不是生物体，不会自然生长和自我改造，人类的思想和活动是赋予材料有机性表现的根本动因。而材料与环境的有机结合在当代建筑创作中也尤其重要，这是可持续发展的原则所决定的。从根本上来说，材料的运用不仅在于功能的完善、形式的丰富、经济的合理，这些以人文尺度去衡量都只是一种手段，是建筑创作的中间环节，而材料表现的最终成果仍然是体现对人的关怀。格罗皮乌斯曾指出，摆脱传统的条条框框后，建筑师可以自由灵活地解决现代社会生活提出的功能要求，可以发挥出新建筑材料和新型结构的优越性能，包豪斯的校舍就表明，把实用功能、材料、结构和建筑艺术紧密地结合起来，可以使建筑产生实效的美。

3.1.2　材料表现的模仿要素

材料表现的模仿要素由材料表现的基本要素和其模仿目的、模仿对象、模仿途径组成。每一个建筑作品的呈现，都是设计者对已有要素的重新组合，对于材料的表现方式也是如此，是人们根据头脑中积累的形象素材及外界因素的刺激进行加工组织后形成的。当设计者面对一种新材料或考虑材料的使用过程时，头脑中会自觉地扫描同类材料的表现形式或他以往的经验，在这些信息中选择适当的原型用于模仿。选择模仿对象的前提先要明晰材料表现的目的，再从中细分出要点来分析模仿的途径。

“模仿”是一个认知事物的过程，在建筑材料的表现中，模仿的目的是通过这个过程获得模仿对象的特质，同时也是了解建筑及材料本身并为其寻求拓展的方法。一方面，在传达模仿原型信息的过程中，需要注意的是原型本身就是个和谐体，模仿者离原型产生的时间越远，达到这种和谐的可能性就越小，即使是从视觉上能形成与原型一样的形式，但使用的也不再是原型所产生的养料和媒介，因此，在材料表现中的模仿在于它在构想与现实形式、观念与实际操作、既定目标与表达方式之间建立的和谐，使“模仿”的目的更具解释性；另一方面，认识材料本身就是从一系列模仿的成败经验中把握材料的语言和适宜技术。从路易斯·I·康对建筑材料的表现中，我们看到建筑并不是先验的符号，他创造的砖双拱结构和混凝土精妙的构造节点，不仅是对材料历史表现形式的提炼，也是借助于材料媒介进行哲学思考的一种形式，从材料的物质性能出发来展现它的内涵，从而指引人们认识和思考材料的本质（图3–2）。

图3-2 路易斯·I·康表现的混凝土构造节点
资料来源：（美）戴维·B·布朗宁，戴维·G·德·龙．路易斯·I·康：在建筑的王国中［M］．马琴，译．北京：中国建筑工业出版社，2004：145，148.

模仿对象的选择是以材料表现目标的确立为前提的。从建筑的发展史中可以看出材料表现的历史模仿特征，即对自然物质的表现形态与自然秩序的模仿、对工业技术及其发展观念的模仿、对历史建筑及其理论的模仿，这三种主要的模仿对象概括起来就是物质实体与观念意识。塔尔德指出："实力最接近主体的事物……最容易成为模仿对象"[①]，这句话揭示出，我们对材料模仿对象的选择一般是与材料的性能、运用技术或表现形式存在一定相似性的事物，它可以是有形物和无形物，或者是无形与有形的复合体，关键是吸收被模仿对象形成的理念和原理。模仿必须从抽象的规定出发，如果从实在的具体出发只能得出抽象的规定。建筑师尤哈尼·帕拉斯马曾写道："在画一条水平线的时候，我仿效着芬兰风景的水平地域；在设计一根立柱的时候，我重复着挺立的人类外形；在画出圆形时，我感觉正在创造一种完整而独立的表达姿态。抽象，始终暗示着对这个世界的浓缩而含糊的印象"。[②]对模仿对象的原始基本关系的理解和抽象运用，可以使材料的表现更具有模仿对象的实在性。

① （法）加布里埃尔·塔尔德．模仿律［M］．何道宽，译．北京：中国人民大学出版社，2008：161.

② 迈克尔·魏尼·艾利斯．感官性极少主义：尤哈尼·帕拉斯马建筑师［M］．焦怡雪，译．北京：中国建筑工业出版社，2002：9.

"模仿"本身就指出了材料表现的途径，以模仿为设计途径有助于发挥材料的特性，达成人们对材料表现艺术的认同。人们把握物体的形状不一定和原型完全吻合，而是捕捉事物最突出的特征，在形式上可通过变形、错位、逆转和提炼具有显性表征性的符号来塑造似是而非的效果。形式上的模仿几乎是立竿见影的，但理念上的模仿就不可能一蹴而就了，要面对许多扬弃的抉择，必须充分了解原作与新作的设计背景，文化、经济、技术发展状况，公众的审美和接受能力等因素，从中归纳出共性和个性的东西，作为模仿的切入点。塔尔德认为："模仿能从遗传性中解放出来，创新的思想能从模仿的物质中分离出来，而思想的进步又使模仿从遗传性中解放出来的速度加快。"[①]材料的表现沿着一种与思想理念和实际建构相一致的道路前进，而且能够朝着语义方面进行转变，这远远胜过只讲求建造上"形似"的肤浅想法。

3.1.3　材料表现的创新要素

创新强调"创新"事物的产生，材料创新的价值是一种客观事实，将通过材料本身的存在和变化表现出来，因此，材料表现的创新结果是否达成最终建筑整体的创新是关键所在。这里，材料性能的发挥、应用技术和表现形式的创新以及材料表现意义的拓展，构成了材料本身的创新要素。创新应该是继承基础上的创新，继承应该是创造性的继承。

3.1.3.1　材料性能的发挥

创新要不断地积累，创新的同时又在模仿，材料性能的发挥和技术的创新很大程度上靠模仿、替代、积累来实现。许多传统建筑材料，如木、砖、石以及金属等，将古代的文明融刻在每个细枝末节的构造中，以新材料技术或相关学科技术取代传统材料技术，可以发挥它们隐含的结构性能与美学性能，并具有时代的风格。而当新材料开始被采用时，它们往往用来模仿人们已熟知的建造方式，通过模仿的反复试验，它的性能逐渐显露出来，相应的技术也得到了完善。法国古典主义学者加特梅尔·德昆西曾说："模仿所获得的乐趣与仿造物之间相差程度成正比"[②]，如果从这个角度看，古希腊神庙中雕琢精美的石材模仿粗糙的木结构原形的说法就变得十分有意义了。石建筑的品质并不取决于与木结构原型的相像程度，而是要看用新材料所具有的表现力重新演绎原型的成功度。就如玻璃模仿土砖、陶砖，生产出了玻璃砖、彩拼玻璃等制

---

① (法)加布里埃尔·塔尔德. 模仿律[M]. 何道宽，译. 北京：中国人民大学出版社，2008：281.

② WESTON R. Materials, form and architecture [M]. New Haven, CT: Yale University Press, 2003：43.

品，丰富了建筑空间艺术形象。

性能的发挥依赖材料技术的革新，包括结构技术、工艺技术、施工技术，以此优化材料自身的性能和产生新的结构类型。早在古罗马时期，人们以火山灰的混合物发明了混凝土，但不能因为罗马人应用了混凝土这样现代意义上的材料就认为他们在技术方面得到根本性的进步，他们没有在已知技术上再推进自己的知识，只是习惯性地将承重墙建造得比建筑需要更庞大而已。因此，材料技术的发明与应用要具有长远的开拓性及发展性。

3.1.3.2　材料表现形式的革新

关肇邺认为建筑创新“首先应该在符合一般建筑所应遵循的功能、经济的条件下，针对提出来的具体问题，以理想的及浪漫的方法加以解决的结果。由于各个建筑的条件不同，解决问题的方法及其结果必然各异，从而表现为不同形式而成为一种‘创新’。”[①]作为建筑基本要素的材料创新亦即如此。

材料的表现形式一方面是结构技术的结果。在结构造型设计中，力学逻辑与造型艺术之间经常会出现对立的情况，在两者间寻求平衡点是材料形式表达的关键；另一方面是设计者审美情趣的体现。由于设计者对美的理解受历史文化、社会环境的影响，同时也是对受众群体精神需求的考虑，材料美学形式的展现带有主观性和客观性，而达到创新的表现，却主要依赖于设计者的创造。许多建筑师会用隐喻的方式创造各种形象的建筑以唤起人们多层次的反应，这是建筑师寻求新的材料表达方式的途径，但最终成败的关键还是在于材料的使用和空间的创造能否协调。

3.1.3.3　材料表现意义的拓展

彭一刚指出创新“可能不在于首创，而在于移植和嫁接，即把当今世界上最先进的思想、观念，创造性地引进本国，并与当地的地理、气候、风土人情以及文化传统有机地融为一体，这样便创造出一种独特的新风格来。”[②]建筑材料的创新在于一种新的观念、新的思想、新的方法和新形式的创造，它是具有当代特色的既具‘新’而又富‘意’的集合。从模仿中创新的材料发展历史来看，这个过程隐含着人们在构筑建筑的过程中赋予材料的精神内容。其中，是否有基于历史观的“人文思想”，有利于“人”利于文化发展的设计要素的体现是评价创新的根本。有基于哲学上理性主义的“有机思想”就是使材料表现与构成建筑整体的各个要素以及建筑创作思想进行有机

---

① 关肇邺. 建筑慎言‘创新’[J]. 建筑师,（67）: 34.

② 彭一刚. 传统建筑文化与当代建筑创新[J]. 中国科学院院刊，1997（2）: 56.

结合；以可持续发展的理念贯穿材料使用的全部过程，以这种“生态环保”的观念运用材料，本身就是一种创新。

材料表现的创新是在充分掌握前人已经取得的成果基础上进行有价值的活动，材料表现的意义可以从对历史与传统的模仿中获得。在阿尔托设计的赫尔辛基理工大学的墙体饰面就与威尼斯总督府的白色大理石主立面如出一辙，都是在其他立面保持原来的红砖面（图3-3）。阿尔托在学校入口处部分采用了白色大理石贴面，这种“废墟”般的效果并不会给人缺乏材料的感觉，反而具有艺术品的品质。在建筑的发展中，一种材料的意义随着时间的推移有时会前后矛盾，这是社会客观因素和设计者主动创作共同作用的结果，同样是对材料表现意义的拓展。就像在20世纪上半叶，人们普遍认为混凝土是非常有潜质的材料，而后人们又埋怨它使城市变成了“混凝土森林”。今天清水混凝土墙和大量生产的混凝土构件已发展成为现代生活的时尚附属物。材料表现的意义要与当初开发它时所设计的功能、用途联系在一起。如果将材料的表现形式从一种文脉背景移植到另一种文脉背景，就必须考虑这些关系，否则“意义”也将形式化。

图3-3　阿尔托对赫尔辛基理工大学的表皮处理方式与威尼斯总督府如出一辙

资料来源：WESTON R. Materials, form and architecture [M]. New Haven, CT: Yale University Press, 2003: 171.

3.2　模仿中创新的材料表现属性

建筑材料发展是一个由量变到质变的过程，任何建筑流派对材料的运用方式，只有处于模仿和传播的过程里，才能得到社会的认知和检验，也才有量的积累。材料表现风格的流行正是这种量的积累的体现，而当发展到一定程度时，流行的材料语言会与变化了的社会文化价值观念、建筑的新需求发生冲突，此时，推陈出新的材料表现内容也就应运而生，没有模仿积累的过程，也就不能对材料创新运用。学者吴宓言之："作文者必历之三阶段：一曰模仿；二曰融化；三曰创作。"不管人们意识到与否，所有人类文化的创新活动都是以"旧"的存在为前提的。但有时，人们对材料表现的模仿目的和结果并不必然地以创新为目标，以建筑发展为准则，由于模仿者的理解和借鉴能力存在差异，决定了模仿层次的高低和效果的优劣。

3.2.1 模仿的必然性与创新的可能性

"古老发明有力而普及，是因为它们有足够时间传播开来并深深扎根。"①塔尔德以此来解释为什么我们总是模仿历史，从历史中寻找原型来支持"创新"的想法，因为"历史"事物经过无数次的检验，已经获得社会的广泛认同。模仿是一种认同性的积累，由于对强大信念的需求与日俱增，积累里的各个成分彼此肯定，形成强有力的发展趋势，而一个发展势头强劲的群体又会受到最多的模仿。由于不同社会发展阶段自然会产生与之相对应的建筑形式和风格，材料的表现总是会出现共时性的特征，一旦它表现的内容被人们接受后，设计者就会快速模仿这种材料技术和表现形式并使之传播开来。即使这样，由于材料表现除了受各种知识背景设计者的主观支配外，还或多或少地受到自然环境、社会环境和历史文化等多种客观因素的影响，我们看到的建筑材料表现形式的共性背后会存在许多差异，这种差异为材料的创新表现提供许多可能性。

其一，从建筑的发展进程和当今的建筑活动中可以看出，人们对材料的运用必然存在"模仿"行为，这是认知材料、延续建筑文化和表现建筑创作思想的前提。随着现代建筑技术的不断发展和人们审美意识的变化，传统石材的运用方式必然要进行变革，20世纪前后，现代主义的建筑师们经过不断地实践探索，以薄石材作为建筑表皮脱离于结构墙体的形式取代了石材作为建筑结构来承重的传统做法，强调了石材表面的自由性，这种在今天看来十分常见的石材贴面方式，但在当初却是石材建筑的历史性跨越，即使石材减掉了分量以越来越轻质的面貌扮演着"表皮"的角色。但这种模仿是必然的，因为人们寄予石头的情感是经过几千年积淀下来的，不管石材离"非物质性"有多远，它仍保持着属于土地的本性。高性能新材料的不断出现，使传统材料或自然材料的表现逐渐由功能性的侧重转向形式的侧重，但

---

①（法）加布里埃尔·塔尔德. 模仿律［M］. 何道宽，译. 北京：中国人民大学出版社，2008：14.

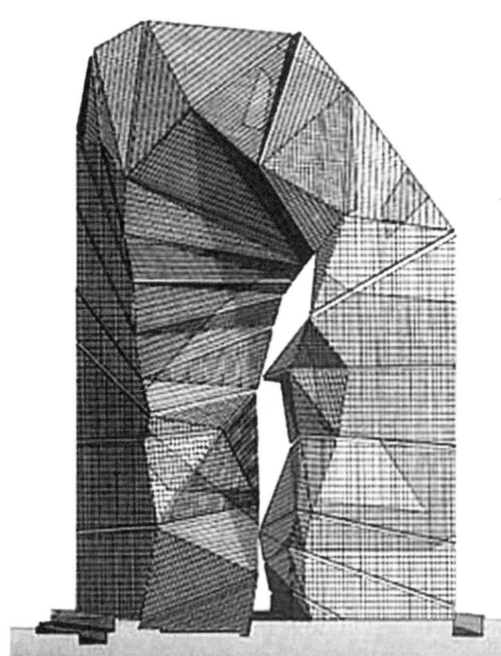

图3-4　库哈斯设计的北京中央电视台塔楼（右图）所表现出“挑战重力”的结构形式，在之前彼得·埃森曼以模仿晶状体结晶状态设计的塔楼中（左图）就有体现

资料来源：（左图）http://www.nitrosaggio.net/…/DE LUCA did tech-des.htm.
（右图）http://ent.163.com/06/0905/11/2Q8KTVPI00031H2L.html.

在高性能材料的性能发挥和形式表现上也要经历一个认知的过程。彼得·埃森曼在20世纪90年代曾为德国一处剧院的改造设计了一座颠覆了传统塔楼形式的大楼，即在一个楼的两个体量上端进行了“挑战地球重力”的有机相连，他模仿了自然物质中的晶状体在结晶状态下的形象，而“镂空”则反映了结晶的过程。这种形体在技术上并非不能实现，钢结构优质的悬挑性足以应付上部转折体块的重量，但当时出于人们对其经济代价、技术风险、和社会对这个怪异造型接受度的考虑，大楼方案没能实现。然而这个设计产生了很大影响，许多建筑师都试图模仿这种挑战重力的设计理念和建筑形态，最终，在10年后的北京，由库哈斯设计的中国中央电视台塔楼再一次以类似的形象得以实现，我们也真正见识了现代钢结构技术的先进性（图3-4）。

其二，对于材料表现中的模仿，不一定都对材料的发展和建筑创作起推动作用，但社会文化、自然环境与科学技术等客观因素和设计者的创作动机，促使材料的表现从模仿中达到创新。17～18世纪的西方建筑考古运动为向古希腊古罗马建筑遗迹的模仿学习提供便利，于是，欧洲建筑的样式开始展现浪漫的古典主义风格，后来的殖民者将这种风格带到殖民地。为适应不同的地域环境，这种古典风格的建筑采用了当地

图3-5　现代主义典型的“白色”建筑：荷兰胡克区集合住宅1924-1927
资料来源：（英）派屈克·纳特金斯. 建筑的故事［M］. 杨惠君，译. 上海：上海科学技术出版社，2001：177.

图3-6　阿尔托以本地木材表现具有芬兰地域特色的展馆
资料来源：http://project.zhulong.com/renwu.

材料和相应技术来表现，也正是由于客观的社会环境和信息传播等原因，促进了以不同材料表现同一种风格建筑的多样演绎。设计者的创新活动同样可以从大同的环境中探寻出材料表现的新内容，打破这种模仿的“必然性”，从其他的社会元素中寻找模仿对象。如在20世纪二三十年代，平屋顶、白色简单的外表、混凝土结构、水平带形窗的现代主义建筑站稳了脚跟（图3-5），尽管现代建筑极力宣扬“国际式风格”的普遍适应性，但也不能真正做到世界大同，这个时期，由赖特设计的一系列有机建筑如流水别墅、西塔里埃森等，采用了自然材料和人工材料，将粗糙材料与透明材料相结合，使建筑有机地“生长”于环境之中，成为欧洲教条式“功能主义”的附加含义；芬兰的阿尔瓦·阿尔托脱离了现代建筑运动的视觉至上主义，迈向材料的人性化、文脉感的表达，在纽约世博会的芬兰馆设计中，阿尔托几乎全部采用木材，在室内构成了一通到顶的倾斜波形墙，这正是对芬兰地域特色的暗示（图3-6）。在这些插曲式的现代建筑中，建筑师抑制了单纯的视觉支配地位，从材料的角度表现了一种层次化多重感官的建筑。

一个人模仿别人的同时也必然地模仿自己，当然也能突破自己。“二战”后，柯布西耶所做的马赛公寓，其粗野的用材和有意保留混凝土模板痕迹的做法与他早期所倡导的纯净似乎格格不入，但从美学观分析他前后的变化还是一致的，都认为美是通过调整建筑自身的平面、空间、色彩、材料质感来获得，不同在于对美的标准不同，萨伏伊以钢筋混凝土梁柱同砖石结构比较，认为美是轻盈、通透和精确；而粗野主义则以混凝土粗糙的质感同当时流行的白色粉刷来比较，认为沉重、粗鲁是诚实的美。设计者就是这样通过不断地模仿和突破的过程，来革新建筑创作的理念并指导材料表现的创新。

3.2.2　模仿的趋同性与创新的风险性

当一事物具有相对较强的功能性、利益性，并且达到人们美学上的认同，它就很容易成为大家竞相模仿的对象，随着“模仿”的持续很快会形成趋同性行为，很多时候，这种趋同模仿就是一种创新，会为群体带来快速的发展和收益。但模仿的趋同也会将形势引向消极的一面，对于建筑创作中的材料表现，这种现象是普遍存在的。模仿中创新的“新”是有基础的，它是被公众普遍认可的理想建筑或理论，已经符合了社会的物质和精神需求，设计者从中分析出材料的运用趋势，在此基础上产生创新是自然而然的，但创新浪潮的后续反应又会导致过度模仿而转向螺旋形、累积性的衰退，如此循环，每一次的创新都带有风险性，要经过反复的验证，但正是突破模仿趋同性的创新活动才不断地给建筑材料的表现注入新的内容和意义，因此必须正视和理解材料表现的这种属性。

一方面，在建筑材料的表现中，模仿趋同性的形成有其必然性。当今信息时代建筑语言传播的影响范围是史无前例的，具有进步文化观念的建筑语言会快速地流行起来。在发展中国家，传统的建材业受世界先进国家材料技术的影响，在很长一段时间都是靠引进和快速模仿来跟进建筑发展的步伐，也正是因为这种模仿的传播，才使新材料和新技术得到广泛的运用，并彰显出材料表现的个性特征。此外，设计者可以利用不同历史时期建筑材料表现的趋同性特征，运用现代材料和技术演绎出与之对应或相对的建筑形式与历史进行对话。但这种对材料形式和创作观念的模仿，未必适应各种情况，还要通过检验和因地制宜的方法才能产生适宜的材料技术和表现形式。

“二战”后的欧美国家，建筑师将重建的认识与战前已深入人心的现代建筑理念相结合，全面发展“国际功能主义”建筑，而到了五六十年代，这种结果不可避免地造成柯布西耶式的白色混凝土住宅、密斯的玻璃金属大楼、阿尔托的砖木建筑的扩散和激增，此时建筑师的创造性和探索性对比现代主义的先驱们是有所欠缺的。之后发展起来的后现代主义建筑也最终招致了厌倦，结果被证明缺乏真正的实质性要义，因为这种建筑潮流引致许多建筑师着迷于符号和形式的“模仿”和对装饰材料的杂凑，导致了对材料表现的非协调置换。但以上两个阶段的趋同性模仿潮流却客观地推进了多种类型材料结构性能的发挥和美学形式的丰富表现，在此过程中，各种材料逐渐显露出它们特有的文化品格，也正是这些对材料表现内容的积累和探索，促使当代设计者和理论家更多地去关注和思考材料的“本质”内容。正视模仿的趋同性，反而能清楚地辨析材料表现的差异性，获取创新的灵感。

另一方面，突破材料表现的模仿趋同性进行的创新必然存在风险性，因为随着材料表现内容的丰富和建筑理论的发展，人们对“创新”的评价更加复杂和严格。对建

图3-7 北京国家大剧院
资料来源：http://www.randomwire.com/category/design/.

筑材料的表现中，既存在模仿的趋同性，也存在模仿的差异性，这是在适应社会文化与自然环境的历史过程中积淀而成的。因此，材料的表现既显示出共性特征又显示出个性特征，而个性特征的存在为设计者的创新活动提供了可能性。

艺术不甘心被囚禁在一个公式里，建筑创作是一种艺术，材料表现也是一种艺术，它需要不断地寻求突破。我们看到，当城市中充斥着大量玻璃幕建筑时，就引发人们的强烈质疑，随之而来的就是对这种材料表现形式的接受度的减弱。传统的建筑材料表现形式总是长期处于平衡的稳定状态中，但新技术和新材料的发明、新理念和新的审美方式的冲击使其隐含多重矛盾，关于材料表现的多种新元素的引入会逐渐打破传统的稳定态。对于新材料、新技术塑造的建筑新形式，人们会不自觉地进行评价，对传统建筑的眷恋会导致对新建筑的批评，而对已有建筑的厌倦也容易形成对全新建筑的赞赏。在北京国家大剧院的征集方案中，很多方案都采取了以当代材料和技术来模仿周边的历史建筑或纪念性建筑形式的手法，而最终采用的保罗·安德鲁的方案却是形似“大蛋”的造型，它由灰色的钛金属板和玻璃组成，这两种材料的颜色在不同的时间里变幻莫测（图3–7）。安德鲁并没有一贯地、表面意义地从建筑形式上或材料表现上与周围的文脉取得一致，而是以完全对立的方式形成当代建筑与历史建筑的对话。其实，这种“矛盾式”延续建筑文脉的方式在欧美的建筑活动中已经存在，从材料表现的角度彰显新老建筑的矛盾性是相互提升“意义”的有效方式，但从人们对剧院建造的质疑中，仍能看到这种“新”的创作手法在不同地域的展示直到获得认可需要一定的过程。“模仿”本身意味着要有一定程度的继承和延续，但材料本身的改进、形式的表达和技术的创新受趋同模仿的作用，经常会使“创新”更具风险，而一旦突破，就能快速促进材料的发展和提升人们对建筑文化的理解。

当今建筑材料表现的模仿趋同性主要体现在对不断变换形式的追随，设计者很难静下心来研究形式形成的理念与原理，而这种思维创新才是获得根本创新的基础。

"创新"会在很大程度上改变人们的观念、态度和使用方式，也会对环境和社会构成一定的影响，但只要从根本上"人"的利益出发，其结果就会逐渐地被广泛接受。而就材料的表现上，应以新颖、适宜的方式和技术来组织传统的、工业的以及有待开发的各种材料，避免因采用标准定型的处理模式导致的因循守旧，最大限度地挖掘出材料所具有的多种潜在特性。

3.2.3　模仿的反复性与创新的必要性

塔尔德指出："新形式不再新时，旧形式就得到守旧者的支持。每一个模仿之前，必然会出现犹豫不决，原因是每一个谋求广泛传播的创新事物都不得不克服一些障碍……一个模仿的传播必然要与另一个模仿遭遇或斗争"①，结果要么替代，要么轮回。在建筑创作的领域里，由于技术模仿具有不可逆性，即使有重复研究现象，也是由于缺少交流或技术丢失的情况造成的，因此，在材料表现中出现的模仿反复性主要体现在材料表现风格、表现理念的重复，这种反复性是历史的必然，模仿行为的必然，但社会的发展要求建筑必须与其相适应，这对建筑基本构筑要素的材料来说就必须突破原有的表现模式使建筑获得新的功能、形式和意义。

材料表现形式的反复出现，一方面是由于封闭的建筑技术交流造成的，另一方面是建筑思潮和建筑风格的轮回兴起所致，抑或是社会经济和政治因素导致的时代错位。在社会的发展与更迭中，人们一时找不到与之相适应的建筑风格就会沿袭旧形式，实属正常现象，但作为新旧交替的过渡时期毕竟是短暂的，如果继续掩盖和忽视新技术，以新材料表现旧建筑，就变成了一种倒退。思想滞后的人排斥先进技术，也否定新建材的表现形式，对旧建筑风格的衰落深感遗憾，于是不断地徘徊在复古风的旋涡中。但建筑与其他事物一样，必须遵从发展的规律，即使在此过程中出现轮回，人们的创新实践也会使其不断地向前迈进。俄国构成派建筑师M·Я金兹堡曾写道："当新构图方法的锋芒达到它的最高峰，它就会向旧风格残留的因素开刀，向个别的形式开刀，迫使它们服从发展的规律……新风格的多种多样的规律首先反映在完全不相同的形式因素上，起初这些因素还跟过去旧的构图方法保持着延续性，后来才被逐渐改造。"②尽管设计者在开始面对新材料或新技术时，会表现得不伦不类，但经历了探索的过程总会创造出新的材料表现手法。20世纪的七八十年代，古典主义的建筑语言开始以各种材料的组织形式来表现，但由于缺少新的信息和内涵，除了纯粹的装饰

---

①（法）加布里埃尔·塔尔德. 模仿律［M］. 何道宽，译. 北京：中国人民大学出版社，2008：118.

②（俄）M·Я金兹堡. 风格与时代［M］. 陈志华，译. 西安：陕西师范大学出版社，2004：7.

图3-8 彼得 · 卒姆托在Kolumba Museum的设计中对白色砖块的选择和砌筑形式是对“光”的过滤和对原有建筑遗迹质感的延续

资料来源：http://picasaweb.google.com/…/f27YCVHLztFG3bpvw7k1yg

和宣传需要外，并不能引起公众的关注。将近21世纪，诺曼·福斯特、伦佐·皮亚诺和理查德·罗杰斯等高技术建筑师从后现代拼贴式的模式中独立出来，引领了完全由技术支配的高科技材料表现的建筑潮流，而这种潮流的蔓延，又使人们开始质疑对高技术的应用以及高性能材料的人性化表现，于是，许多设计者转向追溯20世纪新旧之交时期各种建筑艺术流派对材料的自然表达和对其本质的探索，如当代新生派的建筑师赫尔佐格与德梅隆、彼得·卒姆托完全放弃对任何符号和片段的表面模仿，回到建筑材料和施工技术这一建筑最本质的原点，基于传统材料、新材料的自然或人工潜力，将材料的物理性能和视觉特征推向极致（图3-8）。从这种趋势中，我们发现，历史中每一个建筑发展阶段的表现形式都可能在当代以各种方式的材料设计再现出来，有时它会推动材料的发展和扩充其表现内容，但这是人们在吸收先进的创作理念和正确认识和运用新技术的前提下实现的。

在材料表现中，对于历史建筑创作理念的模仿和引用也具有反复性，是由于设计者试图从以前完善的理论中寻找当前材料运用的理论依据。只流于形式上的模仿会使材料的表现缺少逻辑性和解释性，如果不理解模仿对象的生成理念，就会在形式的模仿中徘徊和反复，因此，材料发展的必然使得分析理念和内涵的过程十分必要。现代主义建筑理论提倡材料生产和组装的工业化模式，以及对建筑材料的诚实表现，避免采用象征、暗示和隐喻的设计方式将材料的运用符号化，而这些却成为后现代建筑的基本组成部分。现代主义以永恒性的印象为目标，因此采用几乎无特色的混凝土白墙、玻璃和钢，而后现代通过物质和记忆来寻求一种对时间的体验，以各种色彩和不同质感、肌理的材料来表现建筑。后现代将风格作为一种现成的美学加以接受，继承了历史建筑中关于风格、地域和文脉延续的设计理念，而没有继承现代主义暗含的文化背景和传统的连续性，因此没能像现代建筑那样体现根本性创新。后现代建筑师利用了模仿的规律，对现代建筑进行着反模仿，以寻求建筑的创新，他们将模仿的对象指向历史和传统，由于采用了现代技术和美学表现手法来组织材料，因此在很大程度上突破了单纯的反复性模仿，获得了材料表现“形式”上的创新意义，而建筑的发展更需要超越表层现象深入到建筑的各种关系中进行思考和操作。当代建筑理论家重新审视现代建筑思想，将建筑材料的表现结合人、建筑、历史和环境，认为节能技术的运用、可持续的美学表达和回归对材料本真的创作是当代材料表现的目标。

反复的模仿并不总是阻碍创新的产生，但长期停留于“反复”状态中，就有必要催生新事物来取代旧事物。材料性能的充分体现、材料技术的完善、材料构造形式的成熟和材料文化意义的丰富，是人们在反复模仿历史建筑和文化中获得的，但每一次“再现”都附加了当时社会的先进内容，利用模仿的反复性来达到材料表现的创新。

3.3　本章小结

模仿中创新的材料表现内涵是由模仿中创新的材料表现要素和属性构成的。其中，“要素”内容分为三个方面，材料表现的基本要素、模仿要素和创新要素，前者包括材料表现的主体、对象、媒介和成果，后两者都是在材料表现的基本要素基础上发展的，同时，模仿和创新又指向材料表现的方法和目标。模仿是认知事物的过程，设计者对材料的表现不可避免地进行着模仿，以获取模仿对象的特质来了解材料的性能和意义等内容。然而，模仿的目的并不总以材料的发展为准则，材料的表现是在“模仿中创新”这个理论指导下进行的，目的在于创新，其材料性能的发挥、材料表现形式的革新和材料表现意义的拓展都是在模仿、创新、再模仿的过程中逐渐展现的。

从建筑的发展史中，可以看出在模仿中创新的材料表现是一种回旋式的发展，这是模仿的推进作用和阻碍作用共同形成的结果。模仿有其必然性、趋同性和反复性，客观因素和主观因素不同程度的操作决定了模仿层次的高低。但建筑材料的表现即使在一定历史时期总是对应着一定的技术类型和一定的组织形式，也会由于地区和文化的差异体现出许多个性特征，这为“创新”的探索提供了可能性，也必然地存在风险性。为了将模仿的抑制作用降至最小，设计者将从模仿中获得的材料认识作为创新的动力，突破模仿的共性特征以寻求材料的发展。

第 4 章

模仿中创新的材料表现机制

“机制”表示有机体内各构成要素之间相互联系和作用的关系及功能。在“模仿中创新的材料表现”的系统中，创作主体起着基础性、根本的作用，在客观因素的推动下，材料表现与模仿、创新构成了一个自适应与平衡的系统。在模仿中创新的材料表现需要主体的选择机制和客观因素的动力机制推进。一般地，某种材料表现出的物质内容和精神含义受到社会主流元素的推崇，人们就会相继地以它为模仿对象或表现主体，使这种材料及其组合形式在地区间流传，在经历了不断的“转述”过程后，原型可能面目全非，但往往这种模仿的结果会带给材料和建筑以新的表现内容。材料的表现力只有在广博的文化背景中才能被理解，其中包括它所处时代的社会文化背景、科学技术发展、地域自然环境、建筑表现风格、材料技术特点以及社会的期望值和建筑师的创新活动等，这些主观因素和客观因素的共同作用影响着在材料表现中对模仿方式的确立和创新内容的建构。

4.1 创作主体的选择机制

人类自开始从事建筑活动以来，建筑材料就成为人们在构思和建造中的主要元素。在不同的建筑发展阶段出现的经典作品，都以其特有的使用价值和审美价值而被社会视为建筑范本，用以描绘它们的材料语言，则成为后来各个时期建筑师模仿的对象。进入近现代，新技术和新材料语言的相互模仿与传播打破了几个世纪以来建筑信息长期封闭的局面，从那时以至当代的先锋建筑师便不断地从模仿过程中探索出创造性的理论和实践，来丰富材料表现的内容，对材料的发展起着决定性作用。正如塔尔德所说：“模仿是创新的开端，模仿的背后有着个体的动机，而社会榜样的影响则是主要的模仿起因。”[①]但设计者的创作要受到社会的经济法则、历史性、阶级性与知识水平的制约，同时还要解决在变化时期中建筑材料表现上的新旧审美观之间、新技术与旧形式之间、新材料与传统技艺之间的种种矛盾，这些因素决定了设计者对建筑材料的认识程度和平衡能力。虽然对材料运用的方式受到各种观念支配，但不存在所谓客观的模仿，设计者的决策将最终确定材料的创新表现，正如沙利文所说：建筑师要

① （法）加布里埃尔·塔尔德．模仿律［M］．何道宽，译．北京：中国人民大学出版社，2008：136.

"让建筑材料活起来，用思想、情感赋予它们活泼的生命，以主观意愿改变它们"。①

4.1.1　多元的平衡

在建筑创作中，设计者受趋众心理的影响，会选择模仿流行的元素来组织建筑各要素以获得人们的认同。由于材料表现这个概念是一种实用科学，设计者要受到种种影响的制约，他的作品必须将自觉艺术目标与某些预先存在的、不可改变的形式相适应和协调。首先，设计者根据材料的基本物理化学特性、形式构造规律、对应的技术类型和它内含的文化价值等内容加以分析，然后选择与地域环境、历史文脉和人们的审美情趣相适应的事物作为模仿对象，将它的特质或以符号的形式、或以抽象的理念蕴含在对建筑材料的创新表现中。以平衡多种元素来达到材料表现上的创新是一种方法，而不是预先把思想固定在某些原则和格式上，这种方法按照对人、建筑和环境的理解来组织材料，产生能适应多种要求而又内在统一的建筑。

4.1.1.1　多元的借鉴

材料表现的传播内含于建筑风格的延续和扩散中，包括材料运用的理念、技术、工艺和表现形式。现代主义之后，建筑风格呈现出多元化的发展态势，多元的创作理念与创作途径以及建筑师日趋复杂与个性化的设计语言，使我们很难对某个作品盖棺定论。但建筑的发展仍然可以归结出两个特征，一是倾向于聚集国际主义风格的主流，即标准化的、结构取向的、理性的和排他性的风格；二是倾向于文化特性的表达，即历史取向的、现实主义的、情感的、注重实效和包容性的。在这两种倾向中，每一类型的发展都是时间与空间、历史与当代的延续、融合与对比，设计者通过模仿来借鉴体系中的各种元素，进行建筑材料表现上的创新。

每一个创新的建筑作品都融合了设计者的多种技术和手法，从不漠视建筑的各种元素，包括材料。当今科学技术的发展、多元化建筑风格的表现和人们思想的快速交流为设计者的建筑创作提供很多灵感，材料的表现不再局限于单一的手法，它必然是对各种工艺、先进技术和当代艺术的借鉴。2004年，伊东丰雄为东京TODS店设计的大楼是由钢筋混凝土结构形成的"桦树林"。他将桦树抽象成交错的线条复写在长条纸中，将其折叠成"L"形纸筒，再以计算机模拟这个模型计算出受力分布结构图。在布满枝杈的建筑表面，树杈间的空隙大部分采用了玻璃幕，局部以铝板填充来增加结构的牢固性，结构与装饰的处理完全融合在了一起，树木形态所具有的特殊力学结

① (英) 史坦利·亚伯克隆比. 建筑的艺术观 [M]. 吴玉成, 译. 天津: 天津大学出版社, 2001: 131.

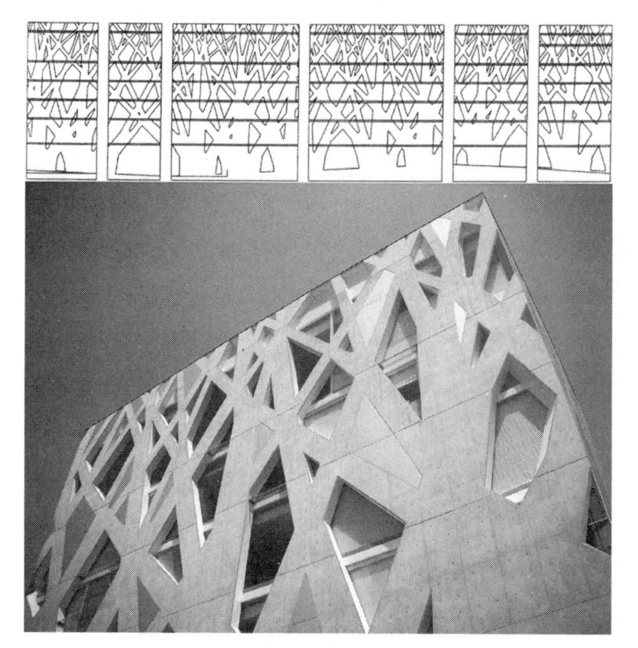

图4-1 以钢筋混凝土和玻璃幕模仿桦树林的“结构”
资料来源：（上图）汪克，艾林．当代建筑语言［M］．北京：机械工业出版社，2007：221.
（下图）http://www.pushpullbar.com/forums/showthread.

图4-2 材料组合的拼贴画：玛利亚别墅
资料来源：WESTON R. Materials, form and architect-ture［M］. New Haven, CT: Yale Univer-sity Press, 2003: 179.

构与人工材料相结合，产生了具有生命动势的建筑（图4–1）。在这里，建筑师将折纸、计算机技术、结构力学与现代艺术结合在一起，在以材料实现创意的同时也充分展示了材料的表现力。

为满足社会多元化的需求，当代的建筑师越来越关注地域文化在建筑要素中的体现，材料的表现对具有当代意义地域建筑的生成发挥着至关重要的作用，建筑师正是意识到这一点，不仅将体现了地域特色的元素融合在材料的设计中，也将由于国际化的交流、传播带来的文化和艺术形式借鉴其中，来提升本土的建筑价值。阿尔托的玛利亚别墅堪称是材料组合的拼贴画，他用地中海的石灰涂料、本地的木材来表现各种风格和形式（图4–2）。位于别墅餐厅上方的原木树枝栏杆，是芬兰农舍的软藤篱笆、德国至上主义平面以及风格派的结合体，这是对本土文化的隐喻和现代主义风格的显现。1950年，墨西哥建筑师奥戈尔曼设计的墨西哥民族自治大学图书馆中，方块式的建筑外表全部贴着色彩丰富的马赛克，方块是当时流行的图书馆模式，但他将带有强烈地域色彩的图案布满整个建筑时，它已经不再是普通意义的“方块”了，而是具有时代意义的地域建筑（图4–3）。如今对地域建筑风格的发扬不再局限于本土，也不再局限在对一种地域符号的借鉴。在查尔斯·柯里亚设计的印度常驻联合国大使馆中，入口的大门的设计借鉴了中国园林的“镜”和印度本土的建筑符号，“镜”框和

图4-3　墨西哥民族自治大学：以马赛克拼贴成具有地域色彩的装饰表皮打破了“方块”式的图书馆模式
资料来源：https://www.fotosearch.cn/PXT008/we032670/

图4-4　柯里亚以光亮、鲜艳石材演绎地域风格
资料来源：David Dernie, New Stone Architecture [M]. London: La-urence King Publishing Ltd, 2003: 87.

三个横向方窗都以红、黄、蓝的光洁石材来塑造，将入口从两边经过岁月洗礼的建筑背景中凸显出来，而光亮的褐红色石墙清晰地反射着街道的建筑，使入口消融于环境中，恰恰这种跨越式的借鉴和矛盾风格的碰撞更加强化了本土色彩（图4-4）。从中可以看出，建筑创新目标的实现，是设计者对传统元素和时代内容的借鉴与提炼，而材料作为这些内容的载体支持了创作目标的同时也彰显了本身的意义，对于材料表现的创新，并不只限于使用新技术和新材料，更多地在于材料的“组织”，它是设计者创作理念的表达。

4.1.1.2　多元的调和

材料表现的创新要不断地吸取工业和科学技术发展的成果，解决继承和革新的矛盾，满足人们不断提出的功能和审美需求。爱因斯坦曾说：“数学命题与现实有关时即不准确，数学命题准确时即与现实无关。”[①]对建筑材料的运用不可能进入到数学的纯粹世界，它的表现必须面对“人”的因素，这是技术问题，也是一个涉及人文世界的综合问题。在某种意义上，对材料表现的创新就在于设计者对各种元素的调和。

---

① 汪克，艾林. 当代建筑语言［M］. 北京：机械工业出版社，2007：8.

图4-5　比利时新鲁汶大学，立面由群体参与设计，丰富了材料表现形式（1969～1975）
资料来源：（英）派屈克·纳特金斯. 建筑的故事［M］. 杨惠君，译. 上海：上海科学技术出版社，2001：187.

设计者的创新需要得到社会的支持才能体现出作品的价值并得以推广，设计者所关注的建筑风格、创作理念的实现主要依赖于本人的组织与调和能力，但有时发挥群众的灵感，并让他们参与其中，这不仅考验设计者平衡各种矛盾的能力，也是获得建筑创新、材料创新的手段。德国心理学家勒温曾提出“群体动力理论”，他认为人的心理、行为决定于内在需要和周围环境，人们在受到外界影响后，往往对有关事物产生一种求知欲，由于模仿的作用，群体在交流过程中加强了求知欲，于是就会转化为积极的行动。这种“群体动力理论”应用在建筑创作中，就是利用模仿规律来发挥参与者的想象力。在现代主义建筑时期，建筑师就意识到发挥群体的智慧可以营造出丰富的建筑形式，如在比利时新鲁汶大学的设计中，在建筑师的设计之初就吸纳了学生和校方代表加入到创作中来，虽然建筑的整体形象仍是国际主义方盒子，但在立面上，不同的建筑材料有着不同的形象，即使同样的材料也有不同的形象，它们用相似或相同的几何图形拼凑出相似或相异的形式，木材、钢铁、混凝土的组合得到功能和形式的统一（图4–5）。拉尔夫·厄斯金于1977年设计的拜克墙是英国典型的后现代主义作品，它以各种图式的砖砌外墙形成了一条很长的波浪起伏的住宅轮廓线，其材料的选择、表现形式构成了很强的模仿性，在设计中的每阶段都请居民参与，增强了他们的归属感（图4–6）。采取公众参与的方式经常会表现出“自组织”性，不论对于设计者还是参与者，作品形式的最终呈现并不是预先设计好了的，这种形式赋予了材料和建筑更多的意义。又如印度的胡塞恩–多希画廊的创作，其表现形式来源于旧石器时代的洞穴和印度古代的洞窟（图4–7）。施工期间，工匠们被鼓励参与其中的设计，他们采用陶瓷器碎片，与含有神秘母题的“无定形”图形进行有机结

图4-6 居民参与建造的英国拜克墙，1977
资料来源：（英）乔纳森·格兰锡. 20世纪建筑［M］. 李洁修，等译. 北京：中国青年出版社，2002：241.

合，创造了节约造价的镶嵌图案。许多设计者已经意识到，如果只陶醉于强调作品的艺术性和工程技术性，其抽象化或简单化会导致建筑与人类现实的脱离。设计者以群众参与的方式来调和建筑的各个元素与人的使用关系，不仅让使用者了解了材料、给予了材料更多的表现形式，更多的是这种方式带来的关于创作的思考。

社会中的主流建筑和高端建筑经常是设计者模仿并试图从中寻找突破的对象。各个历史时期面向社会普遍需求的主流建筑，其建筑中的材料运用大多会表现出主流风格的基本特征。占据社会财富与建筑话语权双重优势的高端建筑与主流建筑都印证了综合效益最大化原则的正确性，但设计者对其中的材料表现进行模仿时，必定权衡由安全、适用、经济、美观诸要素构成的建筑综合效益，就如高端建筑使用的高技术和新材料作为建筑市场的昂贵商品，其生存和发展，最终依附于经济的驱动力。

图4-7 由工匠参与设计的胡塞恩-多希画廊
资料来源：SHARP D. Twentieth Century Architecture［M］. The Images Publishing Group, 2002: 440.

4.1.2　先锋的决策

事物的发展是其内部各元素间的协同与竞争作用，传统事物原有状态不会产生新的有序事物，因为稳态附近有强烈的自回归力，只有其中的关键要素克服了自回归力，新事物才能远离稳定态破土而出。在建筑材料表现中，起关键性作用的就是创作主体的人，他综合了各种客观因素以自己的思维进行创作，决定了材料表现的结果（图4–8）。其中，创作思维有源自理性主义的，认为创造秩序必不可少；有源自理性与感性的结合，强调对事物复杂性的认识。建筑理论家感兴趣的是材料与空间、体量和形式的关系及其视觉上的美学特性；而建筑设计者则致力于运用各种工艺和技术来发挥材料的性能，关注材料对空间、结构、形式的塑造。

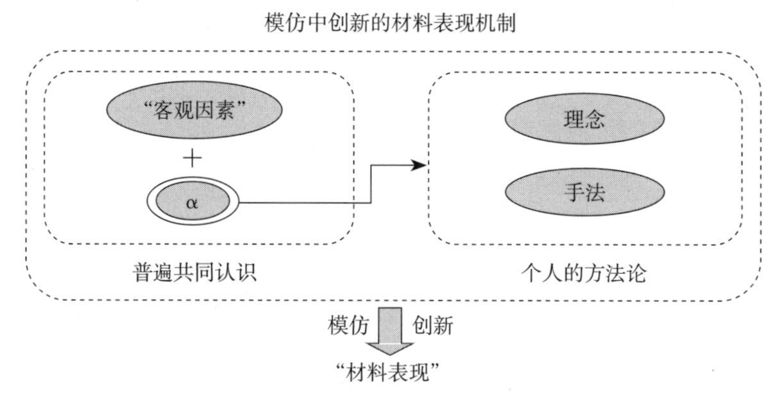

图4-8　创作主体赋予材料个性表现

创作主体在协调各种相互矛盾的构想时，起初零零散散，直到一个清晰的公式或恰当的机制突然来临，把其余一切构想打入背景，并从此成为创作的起点。对于材料表现的创新，历史的发展显示，对需要延续的建筑形态，设计者会将成熟的形式进行简化和抽象，并以新材料重新演绎；对复杂的建筑结构就进行离散分析，将相关技术引入来实验；对待新材料、新技术的使用，就以其模拟已有的形态来获得认识；对传统材料和传统工艺，会以新技术或其他学科的技术成果来对其优化……这都是设计者在积累经验的基础上对模仿原型和材料表现内容的融合，其结果的呈现与设计者的知识背景、修养和观念密切相关。

4.1.2.1　对“指令”的模仿创新

模仿既可能是模糊的也可能是精确的，设计者对“指令”的模仿体现在将原型的技术、制作程序和表现理念中所涵盖的某些内容准确地延续下去，只是在转移作用对

图4–9　土坯砖是模数系统的起源
资料来源：WESTON R. Materials, form and architecture [M]. New Haven, CT: Yale University Press, 2003: 17.

图4–10　日本传统建筑以榻榻米为模数划分与确定空间
资料来源：http://hi.baidu.com/fefeng2008/blog/item/c81d562.

象的过程中，将这种不变的理念放置于新的元素中，发挥它们新的作用。在建筑领域，材料的生产工艺和构造技术的传承、传播便体现了“指令”模仿的特征，如“模数”化的生产和表现方式从古至今一直延续着，它不仅是一种组织材料的方法，更是一种创作理念。

比例的本质必然取决于数学关系，在研究数目的关系和建筑部件的关系中，能得到一种类似的内在规律，建筑的各个元素也应该建立一种可理解的数学关系，这成为从古埃及一直到柯布西耶延续的建筑思想。模数制以一种组织方法，规定了一切元素的比例关系，在古埃及，这模数便是砖的尺寸。埃及建筑师制造同样大小的土坯砖节约了他们需要耗费的能量，正是这个最初的生产标准化，即砖尺寸的统一，成了模数化系统的起源和创造和谐比例的基本点（图4–9）。在古希腊、古罗马的建筑中，它的作用尤为突出，如古罗马的石柱，都是预先把构件与部件按一定的模数定制好，再到现场装配的。

中国古代建筑和日本的传统建筑也采用模数制，日本建筑的开间以榻榻米的“6×3英尺（0.9米）”为模数（图4–10）。16世纪后，日本对世界建筑影响就是以这种模数为基础的建筑构件标准化。柯布西耶借鉴了这种模数制的设计模式，并吸取了文艺复兴时期达·芬奇的人文主义思想，演变出一套“模数”系列，它以男子身体的各部分尺寸为基础形成一系列接近黄金分割的定比数列，他套用“模数”来确定建筑物的所有尺寸，墙板等钢筋混凝土构件由工厂预制，现场装配则采用“啤酒箱”式结构模式，柯布西耶的目的是让建筑师了解明确的数学范式可以创造建筑的广泛和谐

图4-11 马赛公寓
资料来源：（美）理查德·韦斯顿．现代主义［M］．海鹰，等译．北京：中国水利水电出版社，2006：218.

图4-12 将住宅视为工业产品：模数化与工业建筑表现方式的结合
资料来源：迈克尔·魏尼·艾利斯·感观性极少主义：尤哈尼·帕拉斯马，建筑师［M］．焦怡雪，译．北京：中国建筑工业出版社，2002：57.

性，就如马赛公寓所表现的那样（图4–11）。模数化的建构方式充分而有效地将工业生产与现代材料结合起来，这是十分灵活的体系，在建筑构件大量生产的情况下仍能保持其个性。现代第一个工业化体系建筑是英国的CLASP学校，这是一个轻钢构架、钢筋混凝土楼板和墙板的装配体系，它是在战后传统建筑材料短缺的条件下建造的，它最初是在一种装配式玩具的启发下，用轻钢材料制成，能根据学校要求组合成多种样式。在当代建筑风格呈现多元化的形势下，模数化方式也作为一种风格，传达更多的是一种形式和思想。在赫尔辛基的艾纳尔维两户住宅中，建筑师运用钢铁、塑料和胶合板来探索模数化木结构的住宅建造方式，其立面体系被漆以明亮的信号色，反映出将住宅视为工业产品的思想（图4–12）。当代的建筑细胞学说继续发展了柯布的模数思想，在这个学说中，纯机械式的建筑与生物体中生长的细胞相联系，两者之间的共通点就是模数制，自然界的生物拥有同样的组织结构，产生了千变万化的形态，因此，人们将模数化的建筑单元看作是细胞，并按照生物细胞的排列形式来组织它们，为支持这种学说，材料将与更多的技术和科学成果相结合，在某种意义上，也与自然建立了一种有机关系。模数化的创作理念将材料的生产、功能、构造和形式等内容包含其中，在不同的历史时期和时代背景下，设计者都发挥了它不同的作用，而每个阶段它与材料、与建筑的结合都体现着设计者的创新。

4.1.2.2 对“结果”的模仿创新

对“结果”的模仿，是完整的事物在经过一系列的模仿、传播过程时，人们在其表现结果的基础上又加入了个人的认识和理解，并进行了修改或诠释，最终形成了与原型完全相异的新事物。金兹堡认为：“希腊的建筑师们既不考虑任何的延续性，也不使他的设计屈从于任何特种意义的和谐”，[①]我们似乎可以将这句话理解为希腊建筑是“凭空”出来的，但实际上，希腊建筑的历史，材料构造方式的延续都可以证明人们无法跳过“模仿”进行创新，只是在这种对“结果”的模仿中，旧事物的痕迹逐渐被替代和隐匿了。

在模仿中创新的材料表现在很大程度上依赖于主体的选择，但不同层次的创作主体有各自特殊的价值关系，因此他们对模仿对象的态度和选择层面也不同。高迪吸收了东方伊斯兰的韵味和欧洲哥特式建筑结构的特点，并结合自然形式，独创了他自己具有隐喻性的塑性建筑。米拉公寓是石材与钢铁相结合的富有自由形态的建筑，建筑底部采用石材与铁制梁架系统，这个结构系统在垂直方向上以分散状分布，来承受建筑内部与外立面上不均衡的重量。由于墙面在实际结构中并不起主要的承重作用，因此形式也更加灵活，可以充分发挥材料的可塑性（图4-13）。对于高迪所表现的扭曲的砖石贴面，有理论家质疑他没有尊重材料的本质，将不恰当的特性强加给了材料，但从艺术角度讲，这种运用材料的方式保证了创作的完整和有机性。我们看到，在赖特的作品中各种材料的色彩、纹样和质感均得到充分的表现，他从艺术效果出发，关注材料在视觉中的特色及形式美，有时还按照手工业的方式来运用，材料的经济性、合理性和科学性不是他表现的重点，而是将设计的理念在材料的运用上极致地表达出来，为获得模仿原型的特质，在牺牲材料一部分性能的同时，也极大发挥了材料的美学效能。

图4-13　米拉公寓扭曲的砖石贴面
资料来源：WESTON R. Materials, form and architecture [M]. New Haven, CT: Yale University Press, 2003: 39.

柯布西耶与赖特不同，更加注重材料的结构性能的发挥，他在《走向新建筑》中确切地预见：“钢筋混凝土已经在建筑美学中引起了一场革命……它强调的不是从上到下的垂直线而是自左向右的流动感。”[②]柯布西耶的观念获得许多建筑师的认同，他的朗香教堂、小沙里宁的飞鸟形态的纽约环球公司候机楼都证明了混凝土“流动性”塑造有机建筑形式的能力。当建筑师研究如何让钢筋混凝土散发出轻薄、生动的形态

① (俄) M · Я金兹堡. 风格与时代 [M]. 陈志华, 译. 西安: 陕西师范大学出版社, 2004: 31.

② CORBUSIER L. Towards a New Architecture [M]. New York: Dover Publications, 1986: 36.

图4-14　法国萨特拉斯TGV车站的钢结构如张开的鸟翼
资料来源：（英）乔纳森·格兰锡. 20世纪建筑［M］. 李洁修，等译. 北京：中国青年出版社，2002：364.

图4-15　圣马可教堂的理石贴面以铆钉固定
资料来源：WESTON R. Materials, form and architecture［M］. New Haven, CT: Yale University Press, 2003: 103.

时，西班牙的建筑工程师圣地亚哥·卡拉塔瓦则关注钢铁结构的有机表现，由他设计的法国萨特拉斯TGV车站如同一只张开的鸟翼，使钢铁结构轻盈而柔美，呈现出很强的流动态势（图4-14）。设计者根据材料的进步和技术的发展，可以突破性的预见材料发展的形势，在发挥材料结构性能的同时，也在思考这种结构所内含的美，这种机制促使人们不断地将传统材料、自然材料、工业材料重新地作为表现对象，在技术模仿、形式模仿和理念模仿的交叉中进一步认识材料的自然属性和人工特性。

建筑是扩展活力的媒介，也是复杂的事物，不同的人对于建筑材料的表现有不同的要求，相同的人也会因条件的不同而改变方法。固定表面饰材的手法并不是在探索现代建筑的时期开始的，在威尼斯圣马可教堂的墙面上，每一块大理石板都被显而易见的铆钉与另外一块板紧密地锚固在一起，覆层与其后的石材墙体贴合紧密，非常诚实地展示出这种伪装（图4-15）。20世纪初，瓦格纳对这种覆层的安装方式进行延续，在其设计的维也纳邮政储蓄银行中，他使用铝螺母与灰泥黏合的方式来固定薄石材贴面，铝螺母排列整齐均匀，在技术不发达的情况下，这种安置薄石块的方式反而带有很强的装饰性，把运用材料的目的和方式表露无遗（图4-16）。钉头本来可以隐藏起来的，但是瓦格纳认为，已经习惯于用铆接的方法建造钢铁建筑的人们会认为钉头是起固定作用的，这样可使他们清楚地意识到建筑物的表面覆盖着一层薄石板。瓦格纳赋予了石材贴面现代意义，具有质的飞跃，之后，随着技术的进步和人们观念的转变，石板的厚度减小了，于是石材这种高贵精美的材料就可以更广泛的使用了。

设计者对材料的创新表现并不是突发奇想，他是在前人的研究与实践基础上进行开拓的，但一个人模仿他人的同时也在模仿自己，设计者本人也会根据经验的积累，不断地对自己进行肯定和否定来寻求创作的新途径。盖里对建筑材料的态度也经历了几个阶段的转变，这源于他建筑创作理念的改变和对材料与技术的不断认识。20世纪

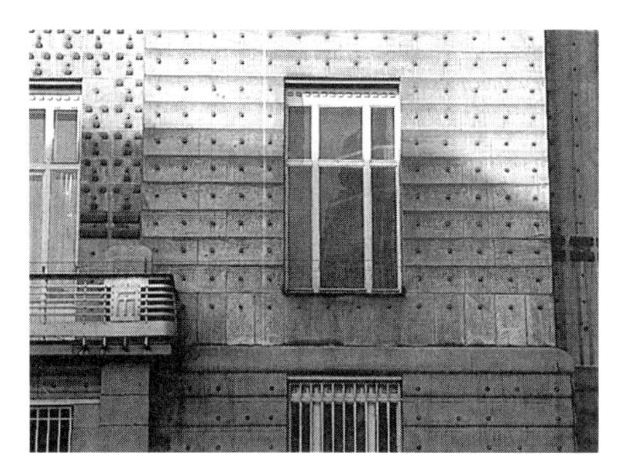

图4-16　瓦格纳对石材贴面方式的继承与探索
资料来源：Richard Weston, Materials, form and architecture. CT: Yale University Press, 2003: 60.

图4-17　盖里早期使用廉价材料对“解构主义”的表现
资料来源：http://bbs.ccabbs.com/upload

图4-18　钛金属层的古根海姆博物馆
资料来源：WESTON R. Materials, form and architecture[M]. New Haven, CT: Yale University Press, 2003: 213.

图4-19　盖里以玻璃和木材的建构形式诠释解构思想（Gehry's 2008 Serpentine pavilion，伦敦）
资料来源：（美）保罗·戈德伯格. 弗兰克·盖里传[M]. 唐睿，译. 杭州：中国美术学院出版社. 2018：436.

60年代到70年代末是盖里对建筑风格的探索期，此时的盖里力图表达建筑的偶然性、过程性以及一种看似尚未完成的美感，侧重于对材料的甄选，大胆采用廉价的工业材料，有瓦楞铁板、铁丝网、木条、粗制木夹板、钢丝网玻璃等，为表现它们自身的属性，他将其全部裸露在外，不加修饰，他的私宅就是一个实验性作品（图4-17）。80年代，盖里开始探索整体性的设计语言，更注重建筑的雕塑感，致力于创造形体、空间复杂的建筑，材料居于辅助地位。90年代，他的设计表现出古典巴洛克的动势，在建筑形式和材料的运用之间达到了精致的平衡，这归功于高技术的支持，以钛金属覆盖的“金属花”般的古根海姆博物馆呈现出一种冒险式的建筑美学，但自由形态的创造恰恰反映了他对建筑形式、材料表现的永不厌倦的探索（图4–18）。如今，他以精炼的材料语言和更加形式化的手法诠释着解构主义的概念（图4–19）。设计者对自己的超越也是对材料表现的创新，当前，材料的表现内容以前所未有的速度在不断扩充，无论是材料的种类、性能、形式、意义、理念等其中的某个方面还是包含了各个方面的整体内容，都有设计者在钻研和实践，他们的创新活动是促进材料发展的根本机制。

4.2　客观因素的动力机制

模仿经常会伴随着盲目，其结果对自己是突破，但未必是创新，而各种客观因素作为衡量创新价值的重要内容也参与在创作中。材料创新价值的体现不仅在于材料性能和意义的展现，或在于建筑的发展，最重要的是它是否有利于人。对它的评价应将其置于社会环境中，因为设计者选择模仿的对象源自社会和环境的各种事物。“模仿辐射从一个环境进入另一个环境时，会产生折射”，[①]客观因素的作用形成的这种“折射”又为设计者带来创作的灵感，但他不得不考虑和协调各种客观因素以保证创新的价值。建筑既是物质的产物，也是观念的产物。所谓物质的产物是指建筑反映了所建造时代的技术、工艺、经济发展水平；所谓观念的产物，是建筑反映了当时社会人们的信仰、习俗、审美观念等非物质的特征。创作者赋予建筑材料的新内容有其明显的阶段性，这与人类需求、社会文化、科技发展和自然环境等因素息息相关，作为建筑基本要素的材料，其表现内容总是时时受到整个文明环境的影响。

4.2.1　使用需求的推动

建筑是反映人们生活的一种重要艺术，但不是单纯的艺术品，而是供人使用的空间实体，要满足人类的需求。无论它们含有多么深刻的哲理或分属何种流派，所面对的使用者都会按照自己的需求去应用和评价。在材料表现中，人们需要它在自己的环境中充分发挥性能，体现舒适性、安全性和经济性并符合他们的审美观，客观上促使设计者将这些需求涵盖在材料的运用中，使材料的表现具有实效性。同时，使用者在

①（法）加布里埃尔·塔尔德. 模仿律［M］. 何道宽，译. 北京：中国人民大学出版社，2008：12.

观赏和使用过程中赋予建筑的再创作，使材料的表现形式和方法拥有了经过不断诠释的意义。

4.2.1.1　功能需求的推动

奥古斯特·佩雷指出："开始时，建筑只是木结构，为了避免火灾，人们用硬质材料建造房屋，但是，木框架的权威如此强大，以致人们模仿其所有细节，乃至一个钉头。"[①]人们根据自己的需要和环境因素，起先体现材料主要的功能性，随着社会的发展和材料种类的丰富，最早运用材料的功能性就逐渐被它的装饰性所掩盖，原先它表现出来的结构形式或构造细部会变成不断出现的更高性能材料的模仿对象，而这种机制也促使了人们对于"原始"材料的思考和对其功能性的进一步挖掘。从功能性的体现到装饰性的表达，材料性能的循环式表现和发展在很大程度上是由于人们对其功能需求的推动。

为了适应环境的变化和社会的发展，人们起初从生活和经验中寻找模仿原型和灵感，再根据很容易获知的材料性能来发展材料的工艺，在不断地模仿、改进和更新中，人们获得了越来越高性能的材料和完善的技术。早在公元前，生活在幼发拉底河和底格里斯河流域的人们发现，加固建筑土坯墙的外表面能延缓土坯墙的酥解，于是创造出许多墙面装饰手法，如用陶质的圆钉楔进墙里，密密地排成一排，陶钉的底面画有颜色的图案，既能坚固墙壁又起到装饰作用。后来又演进为用沥青涂抹墙壁，为保护沥青防止其暴晒，在沥青表面贴上石子、石片和贝壳，拼成色彩丰富的图案。之后，两河下游的人们在生产砖的过程中创造了琉璃，它良好的防水性可以很好地保护土坯墙，如建于公元前6世纪的新巴比伦城的琉璃贴面（图4–20），墙面上的浮雕由一个个小块的琉璃烧至而成，在贴面时，拼起来构成预定图案。从这个对材料不断认识和发明的过程中，我们发现，人们为达到发挥材料最大功能性的目的，形成了在模仿中创新的机制，它促使人们在表现材料功能性的同时，也需要获得它的装饰性。

由于地域环境的差异，材料没有贵贱之分，一定地域所使用的材料不仅是环境的规定，更是人们基本生活的需要，设计者只是运用时代发展所带来的新技术不断地优化地域材料的性能和挖掘它的表现力。埃及建筑师哈桑·法赛长期采用本土最廉价的材料与最简便的日晒砖筒形拱结构来进行住宅的实践研究，对这种传统材料、传统结构的继承和发展并非出于浪漫的怀旧，而是根据当地人对经济性和功能性住宅的需求与期待所做的"再创造"（图4–21）。

---

①（美）肯尼斯–弗兰姆普敦. 现代建筑——一部批判的历史［M］. 张钦南，译. 北京：生活–读书–新知　三联书店，2004：65.

图4-20 新巴比伦城的琉璃贴面

资料来源：（英）派屈克·纳特金斯．建筑的故事［M］．杨惠君，译．上海：上海科学技术出版社，2001：16.

图4-21 哈桑·法赛（Hassan Fathy）使用本土廉价的日晒砖构筑经济型住宅

资料来源：http://farm1.static.flickr.com/10

4.2.1.2 审美需求的推动

生活在传统与现代交织环境中的人们不能轻易地抹掉传统留在头脑中的印迹，也不能拒绝社会发展带来的新信息，这些内容左右着人们的审美观念，但处于同一历史时期或同一地域环境中的人，在审美认识上都会体现出共同的倾向性，在模仿中创新的材料表现中，这种审美共性有时直接推动材料的发展，但当它阻碍了材料发展时，先锋的创作者就会利用其审美心理来使人们逐渐接受新的材料表现内容。当一个国家刚刚摆脱被欺压的命运时，为了寻回民族自尊，在建筑中表现的古典倾向是合乎民意的，尽管从继承与创新的角度看似乎是一种回潮。但在十九世纪中叶西方的工业时代，艺术家和工匠们仍旧采用传统技艺和传统材料，仿佛工业革命从来没有发生过，人们对新材料的拒绝，更多的是由于审美上的排斥，但许多先锋建筑师已经意识到建筑的创作必须跳离过去的模式，必须掌握如何利用手头的材料以更经济的方法来建造。他们运用当时的新材料钢铁和玻璃创造了许多大型建筑物，如那些被称为“十九世纪的大教堂”的火车站，虽然在形式上仍表现为古典风格，但对过去的模仿是为了树立现代典范，通过利用审美需求来使人们逐渐接受新材料和新技术（图4-22）。

人们的审美需求使材料突破了单纯的功能特性，丰富着材料表现的形式和意义，人们将对模仿对象的向往投入到对材料表现的实践中，并不断地诠释它所传达的理念。建筑师自古就对镜面光反射效果情有独钟。在洛可可风格时期，反光镜在法国的需求量猛然上涨，人们对玻璃所造成的空间形式颠倒，稳定感消失的氛围十分着迷，如凡尔赛的“镜厅”中，17个落地窗对面相应地安置了17面大镜子，光和影在室内空

图4-22　日本京都拱券式钢结构的新车站是对19世纪欧洲（伦敦19世纪St Pancras铸铁结构的火车站）车站形式的借鉴，给人以“车站的感觉”
资料来源：（左图）National trust for historic preservation: a guide to delineating edges of historic districts [M]. Preservation Press, 1976: 54;（右图）王静. 日本现代空间与材料表现 [M]. 南京：东南大学出版社，2005：107.

间舞动飞旋（图4-23）。人们对光的渴求推动着建筑从实墙发展为玻璃建筑形式。19世纪的水晶宫和机械馆等全玻璃建筑完全笼罩在反射光的光晕之中，其反光材料和透明材料的使用达到了早期建筑师梦寐以求的物质消融的世界，而现代建筑师对于“白墙”的迷恋，不仅是一种视觉形象的偏好，更是以其象征社会的公正与平等，它跨越了不同阶级的藩篱，创造出一种能够体现新型社会特征的建筑。密斯的钢和玻璃的建筑，在形式构图上采用了古典主义的尺度与比例，呈现出端庄、典雅的效果（图4-24）。这种兼备时代感与纪念性气质的建筑被广泛地用来表达大企业、大公司的先进与权威性，甚至它表现出的材料技术的严谨与精确也被看作是

图4-23　凡尔赛宫的“镜厅”
资料来源：（美）约翰·派尔. 世界室内设计史 [M]. 刘先觉，译. 北京：中国建筑工业出版社，2003：119.

图4-24　西柏林新美术馆以钢和玻璃演绎古典气质
资料来源：http://hi.baidu.com/panpaxh/blog/item

现代工业与科学精密度的体现。

为获得审美效应，在技术产品中往往对那些实用性很强但经济价值不高的材料表面进行肌理处理，用仿制的高经济价值的材料肌理来掩盖原来的低经济价值的材料肌理，或以多种材料建构的方式来模仿理想材料对象的特质，如透明度、粗糙感、厚度或坚实感。如文艺复兴时期的建筑师们纷纷效仿古罗马人涂以灰泥浆来掩盖廉价的砖料的方式，以获得注重形体清晰性的古典主义所要求的平整均匀的石材立面效果。对于材料来说，这种“仿制”是一种进步，尤其是当代，在满足人们审美需求的同时，也减轻了对自然材料和稀缺材料的消耗。材料的经济价值与实用价值并无必然的联系，每一种材料都具有一种幻想色彩，其意义是不容低估的，这不仅是审美意识的体现，更在于这种审美所带来的材料美学性能的展现。

4.2.2 社会文化的促进

文化属于历史的范畴，是一种事实与信仰、历史与现在、物质现实与精神条件的实体，并随着社会物质生产的发展变化而不断演变。人类的文化遗产都产生于设计，设计师的创作就是在进行一种文化活动。世界各地区的文化传统构成全球的文化整体，文化传承成为其多元共生趋势的原则，在这种原则支配下的建筑创作需要设计者从传统文化中发掘出与当今社会有益的、不变的文化因素，并将其在当代环境中予以保持和发展。传统材料经过建筑发展的不断演绎，内含深刻的历史文化品格，而新材料在与传统材料的对比与融合中也逐渐凝聚了时代文化价值，在当代高效的模仿与传播中，无论是传统材料还是新材料，都在各种形式的表现中预示着文化的延续与发展。

在模仿创新时，设计者对经典作品的选择与借鉴同当时的社会文化因素密切相关，有什么样的社会，就有什么样的建筑。西方建筑被称为“石头的史书”，契合了西方世界以“神”为社会意识形态的文化精神，金字塔、神庙、教堂的神圣感来自于石头固有的物质永恒性与建筑被赋予的超越生死的永恒精神的结合。而伊斯兰的宗教文化禁止在建筑中使用人物画像，这不得不使信徒钻研于建筑表面装饰纹样的表达，毛笔书画或草书被转换为砖石建筑的语言，发展了错综复杂而又优美的阿拉伯风格（图4-25）。与工业革命相伴生的是科学和民主思想的发展，在建筑上的体现就是创造出了大量注重功能、讲求实效和经济的建筑，不论是传统材料的砖、石、木还是新材料的混凝土和钢铁都以朴素、高效的构造方式来组织。当代开敞的空间被视为促进工作“民主氛围”的方式，透明性与所谓民主社会和发展趋势的开放性成为政府办公楼的空间处理方法，如诺曼·福斯特为德国国会大厦设计的壮观的玻璃穹顶就是这种

图4-25　伊斯兰清真寺以瓷瓦表现的装饰纹样是毛笔书画的转换
资料来源：WESTON R. Materials, form and architecture[M]. CT: Yale University Press, 2003: 163.

图4-26　现代建筑以透明玻璃表达民主思想
资料来源：（英）派屈克·纳特金斯. 建筑的故事[M]. 杨惠君，译. 上海：上海科学技术出版社，2001：151.

理念的体现（图4-26）。

从历史与当代的建筑材料表现中所感受到的意义都能寻找到产生这种意义的根源或原型，因为这是文化的映像。不管我们承认与否，任何建筑师在对材料选择和处理时都会受到自己所处文化环境的影响，人们总会自觉或不自觉地将这种文化内容带入到材料的表现中。建筑材料在历史的层层积淀下将特定地域的自然条件、施工技术及伦理文化凝聚其中，并融合了地域人们的审美情趣。亚历山大在《建筑的永恒之道》中提到："传统文化中的农夫知道如何为自己做一个好看的住房。我们羡慕他，并认为只有他能够这样做，因为他的文化使之成为可能。"①很多伟大的艺术都趋向于地方主义，因为它是可以自由加以解释的，并因此能够在任何文化条件中引起回应。即使在现代主义建筑的蔓延时期，在设计地域性建筑时，建筑师也会"模仿当地"，如柯布西耶在二战前后设计的一系列地方性与乡土性的建筑中，在现代风格的建筑形式上也部分采用了传统材料（图4-27）。面对现代社会的新材料和新技术的普及，似乎更加剧了传统建筑特色的缺失，社会文化对于传统的呼吁促使设计者们去探索，该如何以当今的技术和材料来延续传统建筑的文化。像金属材料如钢铁、铝合金、铜、钛合金等，它们以高精度、整洁的工业形象展示着工业化气息和高科技形象，但经多地域建筑师的理解和融合，同样赋予了它们地域文化色彩。由六角鬼丈设计的东京武道馆，就是运用金属材料来再现日本的武道文化，他运用不锈钢板对传统纹样进行抽象，制作成菱形图案组成建筑立面，形成现代艺术与传统文化共生的建筑形象（图4-28）。当新材料所蕴含的时代文化气质与地区传统材料所表现的形式有机地融

① （美）C·亚历山大. 建筑的永恒之道[M]. 赵冰，译. 北京：知识产权出版社，2002：35.

图4-27　柯布西耶在二战前后设计的住宅中也运用了传统材料表现现代建筑
资料来源：（英）乔纳森·格兰锡. 20世纪建筑［M］. 李洁修，等译. 北京：中国青年出版社，2002：196.

图4-28　东京武道馆以不锈钢表现传统纹样
资料来源：王静. 日本现代空间与材料表现［M］. 南京：东南大学出版社，2005：86.

合时，这种被重新诠释的地域建筑文化就会更加成熟。正如加拿大建筑师布利安·麦吉·李昂斯所说："地方特色……与新技术、新物质的运用相适应，地方特色总是历史阶段性的、前瞻性的，而不是多愁善感或恋旧的。"①

模仿在社会中的表现规律呈现辐射性，社会中一切相似性的社会根源是各种形式的模仿的直接或间接的结果②，这也是文化扩散的作用，建筑文化的扩散促进了材料技术的交流和材料表现形式的相互模仿。日本建筑曾受中国建筑很大影响，起初，无论是结构形式还是细部做法都完全沿用中国的，但在后来的发展中，逐渐融入了本国的文化，并形成自己独特的风格。日本建筑追求材料表面的天然形态、质感和肌理，对肌理的兴趣是由禅宗信徒兴起的，他们极力主张简朴的思想，并影响到现代西方建

① STUNGO N. The New Wood Architecture［M］. London: Calmann & King Ltd, 1998: 92.

②（法）加布里埃尔·塔尔德. 模仿律［M］. 何道宽，译. 北京：中国人民大学出版社，2008：281.

筑的线条、色彩和装饰风格。文化在传承中沉积下一种缄默的智慧，这种智慧揭示了建筑艺术的精神实质，它需要“延缓”，以再次产生一种累积的知识根植于文化之中，而材料所蕴含的文化价值也需要这种积淀。

4.2.3　科学技术的拉动

18世纪以来，人类社会经历了三次技术革命，即以机械为主导的第一次技术革命，以电力为主导的第二次技术革命和以信息、生物、空间、能源等高技术为主导的第三次技术革命。三次革命带来的科技成果为建筑材料的性能优化和建筑结构的发展提供了技术支持和技术保障，并扩展了材料表现在模仿中创新的内容，新技术和新材料不断被开发出来，传统材料和材料的传统工艺在与新科技成果不断碰撞与结合中获得了延续，这些方法和理念借助高速发展的信息交流迅速传播到世界的每一个角落。

4.2.3.1　科学技术成果的拉动

科学技术的发展对材料本身性能的优化和相应技术的改进是显而易见的。质轻、高强的铝合金在建筑中的应用历史大约有100年，由于早期铝合金材料强度较低、价格昂贵，只限于室内的装饰细部，到了20世纪20年代，美国建筑师开始探索铝合金在住宅中的应用，同时试图通过工业化生产的途径将其商业化，但因当时开发铝的结构性能的技术还不成熟，而且针对铝合金轻质和高导热性的特点，在设计隔热、隔声等构造技术上还没有成熟的解决方案。直到60年代，铝合金开始用于窗框，使建筑细部十分精致，之后，在施工上采用工业化、装配式方法的铝合金成为建筑内外的装修材料，与现代工业生产方式的结合促进了铝合金玻璃幕墙的应用。在铝合金材料一波三折的发展中，人们不断地尝试着用它来替代原有的装饰材料或结构材料，或以其他材料的表现形式套用在铝合金材料上，在模仿、研究过程中，人们不断地借助技术成果来完善它的性能，使它成为用途广泛的建筑材料。

在科学技术缓慢发展的年代里，人们就倾向模仿那些流行元素或传统中最矛盾的理念，而在科技成果大量涌现的时期，科技力量就成为模仿创新的动力机制，促使人们注重新发明和运用新技术。19世纪西方科技的飞速发展，极大促进了新建筑材料和新技术的使用，并逐渐影响了建筑师对工业产品、工业生产模式、工业技术和工业理念的模仿。当高性能的钢铁、玻璃、混凝土等材料和新技术大量用于建筑上时，它们向人们展示了建筑的新结构和新功能，其高效性和经济性的优势改变了人们原有的建筑美学概念，此时，建筑师开始对传统石材、木材、砖材的应用古法进行革新，将新材料的生产模式和表现技术引入其中，使它们摆脱了传统方式带来的厚重感。20世纪五六十年代美国流行的“密斯风格”，使钢和玻璃的纯净形式得以蔓延，密斯风格是与美国积极发展高度工业技术的社会生产相合拍的，然而后来真正让密斯风格退出舞台的也是镜面玻璃，特别是无边框镜面玻璃幕墙技术的发展。

当今是建筑的科学时代，由计算机开发出来的数字化理念已经深入到社会生活的各个层面，改变着人们的思维取向，追求理性的结构表现不再给人机械式的印象，建筑师逐渐重视“冰冷”的工业材料的人性化设计。高技派建筑师善于用精致的金属材料来构建建筑外观，传统建筑中隐而不见的骨架变成了高技派所要展露的形式，技术特征转换成为审美特征。英国建筑师M.霍普金斯从80年代起开始探索帐篷结构，在苏拉姆格研究中心的建造中，他使用了当时刚刚出现的涂有半透明特氟隆面层的重磅纤维玻璃织物的帐篷结构，并用桅杆、拉索把这种织物固定成多个方向变化的大屋顶，创造出轻盈、温暖的帐篷顶形式（图4–29）。北京的奥体中心“鸟巢”，其外部的钢构架基于网格形式的变体，每部分的位置以及承重量都由计算机辅助系统做了精确计算，主要受力点上的转角钢筋不同程度的扭曲无论对于材料本身还是CAM制作、焊接技术都是一大挑战，但最终形成的镂空雕塑式的钢结构与半透明、轻质的ETFE薄膜相结合的高技术建筑具有了象征国家富强的意义（图4–30）。科技的发展为建筑师模仿各种事物的形态来创作建筑提供了大量可能性，各种材料的相互结合、相互塑造都能探索出相适宜的技术，自然科学、生物工程的成果与建筑科学结合，发展出融合于自然、适应于自然的生态材料和技术，无论是对材料与建筑的协调还是建筑与人、环境的协调，科学技术都发挥着积极作用。如今和我们亲密接触的是高速传递信息的媒介，组成这些媒介的物质材料水、人造云雾、温度和气味等已经不是建筑意义的材料，但都被人们当作建筑的“围护”材料来塑造空间。它们在当今的技术作用下、在与人的互动中显示出神秘的魅力，促使人们探索材料表现的新的意义（图4–31）。

图4–29　迈克尔·霍普金斯用重磅纤维玻璃织物表现“帐篷”形态

资料来源：（英）乔纳森·格兰锡. 20世纪建筑［M］. 李洁修，段成功，译. 北京：中国青年出版社，2002：356.

图4-30　以钢结构和ETFE薄膜编织的“鸟巢”
资料来源：http://www.randomwire.com/category/design.

图4-31　2002年瑞士世界博览会上的“人工云雾”建筑突破了传统意义上的建筑材料
资料来源：http://www.jyee.com/ShowArticle2.asp?ArticleID.

4.2.3.2　科学技术理念的拉动

科学技术固然会促进材料的发展，并扩展材料表现的模仿内容，为建筑的创新提供了无限可能，但科学技术理念、技术哲学也同时作用于人们的思想和审美，它与建筑美学的结合丰富了材料的表现形式和表达概念。包豪斯教师莫霍利·纳吉在《从材料到建筑》一文中指出：“机械学、动力学、静力学和动态学的概念，稳定的问题以及平衡的问题都在三维形式中得到了检验，而材料间的关系被作为蒙太奇的建造方式进行了研究。”[①]他看到在建筑学科中，设计者在对待材料问题上，总是将科学的成果放置一旁，无关己事，而这并不利于认识和表现材料。20世纪初，爱因斯坦的相对论使观念的变革深入到物理学和哲学和艺术范畴，探索纯几何形态和交叠空间的建筑师对立体派艺术中的许多观念产生了兴趣，现代运动的引领人吸收了这种相互渗透的概念，以及风格派和构成派的空间组织思想，以三维术语构思建筑，同时他们在建筑的格局、形式上效仿当时的工业机器原理。于是，材料的表面属性居于其次，表现更多的是材料对“重力”的挑战和建筑表皮的“非物质”性（图4-32）。

如果说现代建筑的美学思想建立在“技术美学”之上，带有理性主义色彩，那么当代西方建筑的审美则明显地带有反理性主义色彩。在传统自然科学中，科学家致力于发现自然中的绝对规律，而狭义相对论，量子力学等科学原理向人们揭示出客观世界的复杂性。静态、永恒、线性的思维模式逐渐被动态、发展和非线性的观念所取代，这使有些建筑师认识到偶然、无序、冲突、模糊性和随机性不仅具有科学价值也具有美学价值。于是，透明的、半透明的、昂贵的、廉价的材料或传统材料、新

---

① WHITFORD F, ENGLEHARDT J. Bauhaus: Master & Students by Themselves [M]. London: Conran Octopus Limited, 2001: 39.

图4-32 风格派所表达“相互渗透”的空间概念在一定程度上受到蒙德里安作品的影响
资料来源：PEVSNER N. The Sources of Modern Architecture and Design [M]. London: Thames and Hudson Ltd., 1968: 34, 37.

材料、非建筑材料甚至废料等都用来表现建筑（图4-33），以表达非线性的科学理念和艺术思想。现代科学技术发展的特点是产生了大量的新兴边缘性、交叉性学科，其中的理念和成果都是在表现材料中可以模仿和借鉴的对象，在有利于人类和建筑发展原则的基础上，它们在很大程度上拉动了人们对材料的创新。

图4-33 库哈斯设计的鹿特丹当代美术馆以“廉价”材料再现密斯风格
资料来源：http://www.aliqq.com.cn/originality/

4.2.4 自然环境的影响

森佩尔经过对希腊庙宇的考古研究，认为它们建造之初是涂有色彩的。由于南部气候的原因，白色的大理石建筑在强烈的阳光下会刺眼，而使用涂料就可以在视觉上将大理石庙宇融入整体环境中。建筑材料的表现离不开由自然形态、地形地貌、天然资源、气候条件等因素所构成的自然语境，俗话说，“一方山水，一方语言”，如何利用自然因素，如何就地取材，都会在材料语言中有所反映。就如阿尔托惯用木材，一方面是芬兰盛产木材，另一方面是当地气候寒冷，而木材的质感与手感能让使用者感到温暖和舒服。

在不同地域，由于自然环境的不同，一般除少数官方建筑或特殊建筑外，绝大多数建筑都是就地取材，人们在建造房屋之前，首先都要了解当地可供使用的材料，再根据气候条件来选择和创造合适的结构。中国民居中的云南竹楼、西北窑洞、西藏石屋等，都是就地取材、适应当地气候的建筑。古罗马人由于缺乏希腊人邻近大理石矿的便利条件，便采用了灰浆碎石建构法，这是从砖墙之间的碎石填充物发展而来的，它的强度来自石灰与附近的火山灰相混合的灰浆成分，这就是最早的混凝土，虽然它的成分和工艺不同于现代的混凝土，但正是自然的供给与古罗马人的不断试验使他们得以运用这种新材料，它表现出的优质性能和可塑性使人们在模仿古希腊建筑的基础上又向大跨度结构迈进，并创造了许多史无前例的大空间建筑。历史上，殖民者在征服新大陆时，总会将本国的建筑风格带入此地，在16世纪中叶，来到美洲大陆的殖民者在建造大教堂时，选用了他们在本国惯用的石头来建造穹隆，在遭受了破坏性地震后，他们又使用了砖，但这种砖结构也没能经受住自然和时间的考验，最后，他们还是归顺了大自然，采用当地的苇草抹泥的木穹隆，一种可以对付未来的紧急危险并能再次复原的结构。又如在日本，传统的木结构建筑在构造和形式上都受到中国古建筑的很大影响，但由于当地地震多发，人们将木结构设计成牢固又具有弹性的柔性体系，由榫卯结合的木结构建筑保证了主要结构构件的连贯性，并有较大的整体活动余地以应付地震的冲击，在木构架房屋中，简洁的外表清晰地反映出框架结构原理，建筑物的连接部分处理得十分精确，便于拆卸和再次安装，也正是因为这种自然因素，使日本的木结构得以传承并不断地完善。由此看出，新材料的发明、材料性能的发挥和材料结构的完善是与地方自然环境长期相适应的结果。

在建筑创作的起初，自然环境因素就参与其中，之后，无论在建筑的建造还是使用过程中，它都起到了不容忽视的作用。在建筑的各个元素中，材料和自然环境直接作用，无论以材料模仿何种形式，表达何种理念，环境都无时无刻不在检验着成果的表现。洁白的国际式建筑无疑是对气候和时间的自然破坏力提出的挑战，由柯布西耶设计的佩萨克工人住宅，经过环境的冲刷几乎失去了所有现代风格的光彩，使用者既没有财力也没有意愿添加任何使房子更像住宅的材质，但柯布西耶说："生活是没错的，错的是建筑师"，是建筑师忽略了环境因素，这也是柯布西耶后来转而追求混凝土粗野表现的原因之一（图4–34）。当今的瑞士建筑师将环境因素融入建筑创作中，瑞士经常阴沉多云，光线并非强烈而是漫射，这使得他们注重于建筑表皮的表达，因为细腻丰富的材料肌理表现可以使建筑更好地回应环境。彼得・卒姆托在布雷根茨艺术博物馆中使用的半透明毛玻璃幕墙，使它能对天气和光线的变化产生即刻的感应（图4–35）。同样的，吉翁・古耶也将气候因素表达于材料中，他在塑造墙体的混凝土中加入铜，利用湿气的侵蚀使建筑蒙上一层绿色薄纱，这种效果又被从铜屋顶流到墙上的雨水冲刷的痕迹所加强（图4–36），对此古耶说："建造就是一种炼金术对材

图4-34 柯布西耶设计的佩萨克工人住宅在建造之初和经自然侵蚀后的效果对比
资料来源：WESTON R. Materials, form and architecture [M]. New Haven, CT: Yale University Press, 2003: 42, 116.

图4-35 卒姆托使用半透明玻璃幕墙来回应当地环境的变化
资料来源：WESTON R. Materials, form and architecture [M]. New Haven, CT: Yale University Press, 2003: 206.

图4-36 吉翁·古耶在雷马赫尔兹住宅墙面营造的风蚀效果
资料来源：WESTON R. Materials, form and architecture. New Haven, CT: Yale University Press, 2003: 205.

料进行的再加工”。[①]由此可见，自然环境的影响客观上成为建筑师对材料表现力挖掘的动力机制，将环境因素带来的“结果”转化为具体的模仿对象融于对材料的创造中。

当今世界能源的消耗严重危害了自然环境，打破了生态平衡，使得人们迫切地去寻找各种可再生材料来减轻建筑的消耗给环境带来的负担。在过去很长一段时间，秸秆作为建筑材料及其相关工艺一向被认为是生态研究领域的问题，而如今，一些住宅

① WESTON R. Materials, form and architecture [M]. New Haven, CT: Yale University Press, 2003: 67.

图4-37　在秸秆建筑中加入时代建筑元素有利于环保材料的推广
资料来源：（德）赫尔诺特·明克，弗里德曼·马尔克. 秸秆建筑［M］. 刘婷婷，等译. 北京：中国建筑工业出版社，2007：1，37.

和文化、教育等建筑类型开始运用秸秆材料来构建，设计者在其形式构造上加入了一些时代元素，并结合了其他材料进行表现以加强秸秆建筑的接受度，它的技术含量不高，易于模仿，使用者可以参与建造，无论从环境还是经济的角度，秸秆建筑都具有很大的发展空间（图4-37）。总之，人们不断增强的自然保护意识客观上丰富了生态材料的种类，也扩充了材料表现的生态内容和意义，使设计者更加关注于对自然资源的保护与合理利用。

4.3　本章小结

创新和协调创新的努力是同时发生的，在模仿中创新的材料表现需要主体的选择机制和客观因素的动力机制的推进。创作主体的人在材料表现中起决定性作用，他综合各个客观因素，以自己的经验、认识和理念来表现材料和协调材料与建筑其他要素的关系，他选择的创作方式和模仿内容决定了材料表现的创新内容。建筑材料的表现是结合了社会物质与观念的内容，创作主体以外的客观因素即人们的使用需求、社会文化、科学技术和自然环境等都与材料的使用和发展密切相关，它们的需求和影响客观上推动了设计者在材料表现上的模仿创新，为材料性能的优化、技术的改进、形式的丰富、意义的延展提供了物质支持和理论依据，而这些内容正是材料创新价值的体现。

第 5 章

模仿中创新的材料表现类型

“类型”是从各种特殊事物或现象中抽出来的共通点。19世纪法国巴黎美院理事德·昆西将“类型”解释为：“代表完全去复制或模仿一事物的意欲，而不是相同形象。类型是一个目的……并不意味着事物形象的抄袭和模仿，而是人们据此划出绝不会完全相似的作品的概念。”[①]将设计者通过模仿来达到材料创新表现的过程分解为几种类型，以明晰模仿的手法和创新的方式，梳理材料的表现内容，是为在建筑创作中的材料设计提供灵感和可供参考的依据。前人在不断地建筑实践中发展出了多种表现材料的手法，随着时代的发展，这些手法经技艺的传达与改进，理念的延续与转换，其内容也不断在丰富和扩展，使设计者对于材料表现的模仿创新有了更多元的认识，每一种模仿创新的类型都对应着不同的材料内容，但它们涵盖的都是对材料的探索、继承和突破。

5.1 实验性模仿的转移式创新

认识材料性能，寻找相应的技术和表达适宜的形式是一个试错的过程。建筑材料是以其构筑和围护功能为存在前提的，社会的发展和人们的不断诠释使其功能表达越来越紧密地与技术、形式联系在一起。现代建筑提倡运用新材料和新技术来促进建筑的发展，传统材料则受到冷落和排斥，毕竟自18世纪下半叶的工业革命以来，技术进步带来新材料的大量涌现是促成建筑飞速发展的一个根本原因。但传统建筑材料因其特有的物理性能和文化价值仍是人们不可缺少的材料，为了使其获得更稳定的性能和时代气息，设计者实验性地进行技术的转移和形式的替代，以达到材料表现的创新。对这两种材料内容的改进中，传统材料以“新技术”“新形式”表达出来，具有了现代意义，而新材料也在其技术和形式的交流中，展示出更加成熟的表现力。

5.1.1 技术的移植

技术美建立在事物内在结构的秩序、和谐而引起的逻辑性基础上，同时体现出技术与物质功利的直接关系。材料技术模仿的先决条件首先要确定这种技术真实的功

---

① 刘先觉. 现代建筑理论［M］. 北京：中国建筑工业出版社，1999：20.

能；其次，看它是否含有与现代文化相适应的应用理念。经移植技术作用的材料应体现出二者的协调性和有机性。不同的构造体系具有不同的技术优势，也带有各自的局限性，运用材料技术或不同学科领域的技术实验性地作用于某种材料，是对它进行创新表现的起点，是对材料性能的检验与挖掘，也是一种技术理念的植入。

5.1.1.1 材料间的技术移植

勒·杜克坚持认为建筑进步的关键在于工业材料所带来的新手法，工业生产的预制性、标准化与不断出现的新材料共同构建的新空间形式，促使建筑师以新技术来组织各种材料。在对新材料表现形式的模仿过程中，设计者开始意识到其形式背后技术的关键性作用，于是将其新技术植入到对传统材料以及自然建筑材料的表现中，使它们都显示出新的性能和意义。

1）工业材料技术作用于自然材料：自然材料语言能体现出与自然界的联系和深层的文化倾向。自然材料在生态学方面的天然优势对建筑的发展发挥着重要作用，创造性地运用自然材料是对当代建筑中盛行的数字模拟的一种强烈反击，而以新技术来处理天然材料也是一种挑战，是对天然材料物质性和美学内容的再度发掘。然而，柯布西耶反对自然材料，倡导人们使用工业材料的重要原因就是由于自然材料性能的不稳定，但当代的情况与现代建筑时期不同了，技术的飞速发展改进了传统材料的性能，使其表现出工业材料的匀质特性。如木材，随着集成材技术的成熟，大跨度木构建筑在结构体系及空间形态上都异于传统。集成材木结构引用了钢结构的设计理念，两种材料都是工厂加工，现场组装，施工方法也一致。在节点处理上，传统木建筑利用榫卯结构进行连接，一般不使用金属构件，构造处具有一定的韧性和变形能力，但存在刚性较低的弱点。集成材结构则使用金属构件进行连接，如果是轻微的结合就用钉子或螺栓等小型钢构件连接；大型结构中则在结合处插入钢板固定，钢板之间再采用螺栓等钢构件连接。但节点处常常会因为增加结构辅助用材而变得复杂臃肿，给暴露结构的空间设计带来一定困难。因此，要结合传统木结构的榫卯技术，以保证造型的完整，有时，技术的合理也体现在它与形式的有机结合（图5-1）。现代集成材已经是革新的木材了，但由于是小块板材组合而成，给强度和刚性的测试、推算都带来一定困难，其结构节点无论是榫卯结构还是采用金属构件都存有一定难度。因此在其他材料技术移植之后还要根据原来材料的本质特性进行改进，技术的移植属于实验性的模仿过程，材料与这种“新技术”的协调、融合是为了探索属于自己的、适宜的技术。

2）新材料技术作用于传统材料：新材料是指那些正在发展，且具有优异性能和应用前景的材料，它与传统材料之间并没有明显的界线，传统材料通过采用新技术，提高技术含量和性能也会成为新材料；而新材料在经过长期生产与应用之后就成为传统材料。传统材料是发展新材料和高技术的基础，而新材料技术和表现形式又会促进传统材料的发展。在漫长的建筑发展史中，传统材料的表现也一直锁定在传统建筑技术和艺术形式的框框中，其材料性能还没有被完全开发出来。传统材料是一种能体现时间变化的“有生命的素材”，随着时间的推移及其本身物质性的退化，显示出成熟的文化含义。如今，在新技术、新理念的支持下，传统材料的表现手法也逐渐从传统的沿革中解放出来，得以重新演绎。

传统材料技术从原始的绑扎法，发展到今天的以工业化体系、施工成套技术、机械化施工、工厂化和社会生产、应用高新技术为特征的现代建筑营建技术，发生了巨大变革，体现了技术模仿对促进传统建材发展的直接作用。这种探索使得传统材料的陶砖可以以幕墙单元的形式覆盖于建筑立面（图5-2）。幕墙单元是由它的薄壁部分与支撑薄壁的轻金属框格构成的，最常见的就是玻璃幕墙、金属幕墙或轻混凝土板等形式。随着人们审美和实际需要的不断提高，有更多的材料以幕墙单元的形式应用在建筑中，有的则以幕墙技术的理念将新材料和非建筑材料并置来探索建筑的表皮内容。由埃德瓦尔多·弗朗索瓦联合事务所设计的一所法国公寓中，

图5-1　现代集成材木结构模仿了钢结构的技术原理
资料来源：STUNGO N. The New Wood Architecture [M]. London: Calmann & King Ltd, 1998: 56, 64.

图5-2　伦佐·皮亚诺的陶砖“幕墙”
资料来源：Renzo Piano [J]. The Architectural Review. 2001（2）, 44.

将幕墙技术原理与石面预制相结合，这是一种石料和植栽的综合布置方法，石料合成板预先制造，首先以干石块铺于金属网上，再覆以熔岩、沙子、含有种子的土壤，最后以混凝土浇筑、硬化和冲洗。合成板被不锈钢锚固在墙体结构上，使其变成景观的一部分（图5–3）。以新技术运用的传统材料建筑和自然材料建筑，它们醒目的造型为当代乏味、喧嚣的城市环境提供了一种形成标志的有效方式。只有对不断出现的新材料技术给予更多的关注、联系、实验和运用，它才能在另一种材料的表现上发挥有效的作用。

图5–3　幕墙技术与石面预制相结合（Chateau-le-lez公寓）

资料来源：DERNIE D. New Stone Architecture [M]. London: Laurence King Publishing Ltd, 2003: 94.

5.1.1.2　相关学科技术的引入

对于材料技术与艺术性能否结合好的问题，还有许多设计者因注重高度工业技术倾向而缺乏人情和艺术性，反对材料运用的新技术，然而，注重工业技术的最新发展，及时地把最新技术引入到对建筑材料的使用中是建筑师的责任。问题在于是为新而新，还是为了有利于合理改进材料技术，进行建筑创新而新。

现代主义的建筑先锋倡导新建筑要体现科学技术的进步，现代科技成果应为建筑所借鉴，这是顺应时代发展的要求。包豪斯教师莫霍利·纳吉在探索科技与艺术的结合中亲自制作了一个“光线·空间调节器”，这个运动装置在形式和概念上借鉴了俄国构成主义，它包括活动金属和塑胶玻璃，由电力驱动下在周围的墙上投射出不断变化的光线图案（图5–4）。这种将技术与艺术结合的手法也同样体现在当代建筑师让·努韦尔的创作中，他在法国阿拉伯世界文化中心的建筑立面上运用的符号形式既具阿拉伯的装饰风格，也是对当代艺术的

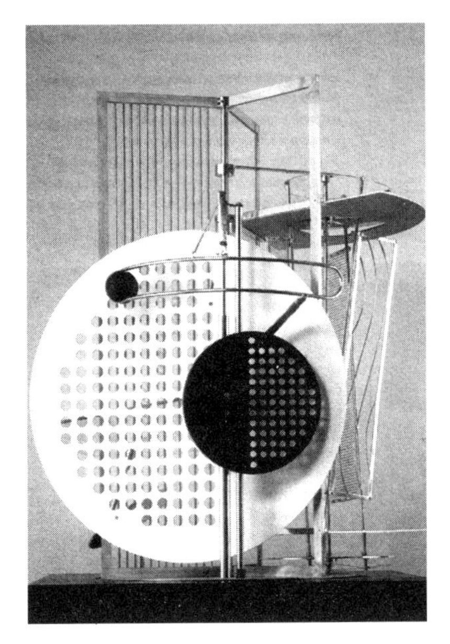

图5–4　“光线·空间调节器”

资料来源：WHITFORD F, ENGLEHARDT J. Bauhaus: Master & Students by Themselves [M]. London: Conran Octopus Limited, 1992: 144.

回应，但这些装饰竟是设有自动的类似光圈的照片感光“控光装置”，就像一系列照相机镜头的视角和光圈，为室内空间带来丰富的光线层次和开放闭合感的忽然转换（图5-5）。原广司则大胆地引用借助于空气压力原理的平板卡车式整体移动技术，使札幌体育馆成为世界第一座带有移动草坪比赛场的圆顶体育场，其中，支撑整个不规则穹顶的钢结构是由复杂的系统构成，它的形成离不开船舶工程技术、机械工程技术和电子技术等领域的技术的混合应用。这些实例说明，对其他学科领域内技术的引用和借鉴是进行材料表现创新和建筑创新的重要途径（图5-6）。材料种类的丰富和其本身性能的完善也依赖于相关学科的技术成果，如研究长期风化作用的考古学成果、化学变化、最新的数学模型等全都汇集到材料的测试和改进中来。像碳环氧树脂增强木、高性能混凝土等多种形式的化合物在不断发展，同时在分子尺度进行研究的纳米技术使得材料能够根据各种特殊要求量身定制。

在建筑学领域的不同材料之间的技术移植或对其他学科领域技术的引入，都可以说是一种科学概念的移植、一种技术手段的移植或是一种技术功能的移植，从中根据材料特性和表达意图进行变换和组合，把通用技术中所具有的独特功能以适宜的形式体现在作用对象中，以这个方法和过程，一方面，增加了材料本身富有时代意义的功能，另一方面则是扩展了技术的应用领域，体现了这种技术的价值。

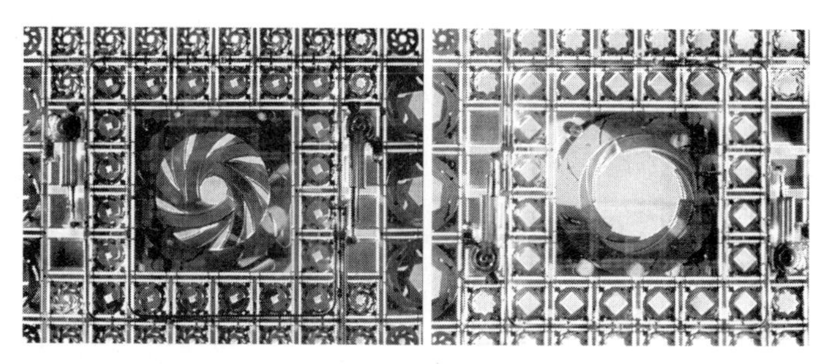

图5-5 阿拉伯世界文化中心“控光装置”表皮

资料来源：（英）康威·劳埃德·摩根. 让·努韦尔：建筑的元素［M］. 白颖，译. 北京：中国建筑工业出版社，2004：58.

图5-6 原广司设计的札幌体育馆借鉴和混合了多种相关领域的技术成果

资料来源：http://www.archined.nl/upload/pics/Forward.

5.1.2　形式的替代

伊利尔·沙里宁在《形式的探索——一条处理艺术问题的基本途径》中指出“材料的问题决定形式的性质”。材料本身的特性在很大程度上决定了材料对建筑形式的塑造。新材料、新结构必然导致新形式的出现，然而“每一种新格式均源于旧格式”。①建筑形式的表现渗透着特定社会、历史和地域传统的信息，它在传递图案信息的同时，也传递着特定的材料内容。设计者经常会采用各种材料模仿历史和传统中的某种建筑形式，将其作为母题、部件或元素进行转化、移接和重新组合，一方面使建筑与历史形成对话，另一方面赋予了材料新的表现力，这是基于人们对材料的思考以及对材料性能和构造的理解。但有时候，人们并不是为了延续和继承的目的去模仿从前的建筑形式，在以其他材料的重新演绎中，没有显示出原有形式的构图原理和衔接方式，而是作为装饰符号的类型集合来供人们吸收其艺术特征，但对于所选用的材料来说，则促进了人们对它的认识和使用。

不同材料所表现出的特性也各有不同，但某些材料之间也存在着一些共性，如在物理性能上体现出近似的抗压、抗拉强度和韧性等，或在表面属性上显现出相似的透明性、半透明性、光滑感和粗糙感等。设计者会利用这种共性特征尝试着以替换形式的方式来挖掘材料的表现力，无论是以性能相近的材料来替代原有材料的表现形式，还是运用性能完全相异的材料在技术的支持下去替代，都是在实验性的模仿中对不同材料表现方式的创新探索。

5.1.2.1　“轻”与“重”

格罗皮乌斯认为艺术最重要的是“对形式、空间、色彩的感觉和体验……设计中的技术因素不过是我们通过有形的东西去体现无形东西的一种知识性的借助而已”。②形式是一种构图，当它以不同的材料来表达时，所传达给人的感觉也不同，然而这种不同的“感觉”就是形式的目的、材料表现的目的。在建筑发展史中，每一阶段、每一地区流行的建筑形式总对应着一定方式的材料运用，但在当代艺术和技术的传播发展下，人们打破了这种对应方式，轻质的材料可以表现“厚重”的形式，粗重的材料也可以诠释“轻盈”的形式，就如同贝聿铭在美秀美术馆中以钢铁结构来演绎日本传统的木结构屋架，以玻璃代替屋瓦来展示现代空间和传统风貌（图5–7）。

---

① PALMER PR, COLTON J. A History of the Modern Architecture [M]. New York: Alfred · A · Knopf, 1962: 38.

② 罗小未. 外国近现代建筑史 [M]. 北京：中国建筑工业出版社，2004：134.

“创新的构造成分是以前的模仿，因为这些模仿的复合体本身也受到模仿，并最终成为更大复合体的构造成分。一旦这个创造出现，它就摧毁了其他大多数可能性，同时又使此前不可能的许多灵感成为可能。”[①]关于“窗”这个建筑元素，在建筑的演化中又发展出了多种元素，从原来的洞口、兽皮、织物到纸、玻璃、木和石或金属的窗框与固定格架再到窗帘、格栅等，随着新材料的大量出现，建筑师便尝试以新材料来表现和发展这些元素，演绎出更多的形式和功能。人们使用织物或木质的百叶窗有上千年的历史，它既遮阳，也可以挡风雨，但在赖特设计的普赖斯塔楼中，木百叶被换成铜片，并成为建筑外观上的显著标记。经氧化的铜绿色百叶在垂直向与水平向上相互交错形成强烈的上升感，建筑形式和材料彼此进行着塑造。在使用玻璃之前，中国和日本都是用“纸”作为在建筑封闭状态下的透光材料，其相应的形式就是纸窗、纸幛子，在运用玻璃后，日本仍习惯于用新材料来表现固定“纸”的格子结构，使民族的风格得以延续，日本的筑波国际会议中心就利用两种不同尺寸的玻璃砖组成了一个传统的幛子图案，玻璃砖的“重”在透明性的弥补中诠释了纸的轻盈（图5-8）。人们习惯了以各种织物编织的帘幛来遮阳，一般情况，它的面积只限于窗的周围，如今可沿钢轨滑动的木格栅能覆盖整座建筑立面，其效果并非沉重，而是产生了变动不拘的建筑面貌，创造了多层次的光影效果（图5-9）。建筑师还运用铝合金材料来模仿传统的木格栅，银色的帘子反射出天色和日光的

图5-7　贝聿铭设计的日本美秀美术馆
资料来源：王静．日本现代空间与材料表现［M］．南京：东南大学出版社，2005：86.

图5-8　筑波国际会议中心的玻璃“幛子”
资料来源：王静．日本现代空间与材料表现［M］．南京：东南大学出版社，2005：35.

图5-9　木格栅创造多层次空间效果
资料来源：WESTON R. Materials, form and architecture［M］. New Haven, CT: Yale University Press, 2003: 192.

①（法）加布里埃尔·塔尔德．模仿律［M］．何道宽，译．北京：中国人民大学出版社，2008：34.

微妙变化，若隐若现如同覆盖着“轻纱”，冰冷刚硬的材料也透露出轻薄温暖的感觉。如今的建筑师对建筑表皮的创造性的表现总是能让人叹服，建筑师马克·米拉姆设计的住宅以巴黎式的正立面显示了石材薄板的潜能，大理石变得既透明又足够轻，使它成为“可移动的百叶装置”，大理石合成板可以在有凹槽的钢框中滑动，薄石帷幔、结构层以及精巧的移动配重滑轮构成了一幅抽象的艺术图画（图5-10）。现代建筑理论告诫建筑师，只有不再因袭古典式建筑的细部时，才能真实地表现材料的特性，而当代的实践却证实了这种观点太过绝对，建筑师对材料表现力的挖掘可以尝试模仿各种形式，但要基于材料、技术和形式的有机结合。

图5-10　可移动薄石帷幔

资料来源：DERNIE D. New Stone Architecture [M]. McGraw-Hill Professional, 2003: 98.

5.1.2.2 “透”与“实”

混凝土带给我们的感觉是坚实、厚重、可塑性强。20世纪20年代，当欧洲向新技术进军时，赖特尝试着用流态的混凝土来模仿砖的形态，他用预制的、刻有图案花纹的混凝土砖来面饰房子，为形体简单的方盒子建筑提供了一种新的装饰手法（图5-11）。混凝土对曲线形状和不规则形状的塑造是其在造型设计方面的灵活性，但与钢结构不同，很难用它塑造出像钢一样细致精巧的造型，通常情况下，混凝土表面必须以最小限度的细部和点、线、面的组合去表达空间的构成，这使得对它的运用不得不撇开过多的装饰性的设计，如要追求混凝土的透明性，更是对材料性能的挑战。在高松伸设计的冲绳国立剧场中，建筑造型借鉴了冲绳民间建筑的“雨端”屋檐形式，本是由竹子编成的纤

图5-11　赖特运用预制混凝土砖来表现室内外空间

资料来源：（英）斯宾塞尔·哈特. 赖特筑居 [M]. 李蕾，译. 北京：中国水利水电出版社，2002：117.

细外墙，建筑师采用混凝土构件来再现这个传统的建筑元素，当然组装的过程都要经过严格的计算和精密地施工，才能保证混凝土造型很高的完成度（图5-12）。一般来讲，地域建筑材料总是能自然而然地和当地建筑形式结合在一起，但如果对材料正确地把握，地域建筑文化也可以用普遍的工业材料去诠释。同样是运用混凝土，在马来西亚驻日大使馆中带有民族色彩的纤细透空图案的外墙上，可以看到预制混凝土在细部造型设计中具有很好的适应性，能高质量地制作出精细的纹样（图5-13）。有时，我们不能武断地给一种材料的表现性能下结论，技术的进步会逐渐改善各种材料的性能，使材料不断地突破规定给它的形式。

"形式的替代"不只局限于用某种材料去模仿另一种或几种材料的组织形式，也可以采用多种材料建构的方式来模仿理想材料的特征。传统中，人们就以某些石材的

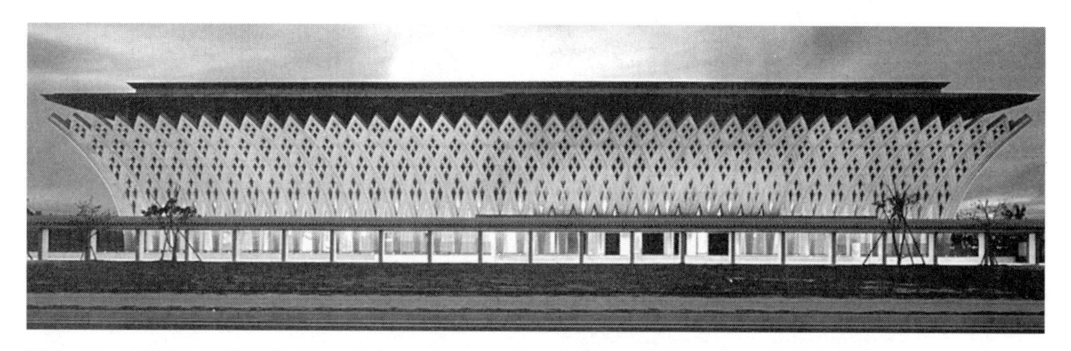

图5-12　高松伸在冲绳国立剧场设计中以混凝土结构表现传统竹编的"雨端"屋檐
资料来源：王静．日本现代空间与材料表现［M］．南京：东南大学出版社，2005：143.

图5-13　马来西亚驻日使馆外墙的镂空图案显示出混凝土塑造细部的特性
资料来源：王静．日本现代空间与材料表现［M］．南京：东南大学出版社，2005：145.

发光特性强调建筑的抽象性，在当代技术支持下，设计者选用其他材料和工艺就能模仿这类石材的坚实感和透光效果。在加拿大的一座银行建筑中，建筑师就以石膏板营造出了光和石材的神奇效果。薄薄的石膏板通过钢和铝的构件固定在混凝土结构上，石膏板的斑驳和内部纵横垂直的骨架在光的透射下不仅拥有了透光石材的魅力，同时又呈现出壁画般强烈的艺术效果（图5-14）。

“形式”的模仿不仅在于对其特征的把握，更在于设计者对形式的感受和联想。拉斯金以奇特的想象力将威尼斯的水道比喻成“绿色的铺地，且每一个微小的波纹都给人们丰富的花纹镶嵌装饰的幻觉”，在他的灵感提示下，我们发现威尼斯千变万化的“铺地”似乎真的“模仿”了城市河面上反射的建筑装饰（图5-15），不用去讨论它真实与否，肯定的是对这种“形式”联想力将会带来许多创作的源泉和灵感。

图5-14　以石膏板（右图）营造出透光石材的效果（左图）

资料来源：DERNIE D. New Stone Architecture［M］. London: Laurence King Publishing Ltd, 2003: 32, 121.

图5-15　拉斯金材料想象

资料来源：WESTON R. Materials, form and architecture［M］. New Haven, CT: Yale University Press，2003: 104.

5.2 规定性模仿的渐进式创新

渐进式创新就是继承中的创新，包括了对古代传统的继承，也包括对现代传统的继承，并涉及了各地区和各民族之间建筑文化及其材料技术的广泛交流。“每一个创新都处于头脑中两个模仿的交叉点上，一个对客观事实的强烈感觉和某个倾向结合，就会给过去的想法以新的启示；或是与经验需求结合，在某种熟悉的实践中找到意料之外的资源。”[①]当我们以历史的眼光来看待建筑的发展时，任何一种创新所带来的新风格都会随时间的积淀成为传统，周而复始，于是创新与继承就成为建筑发展的两条主线，交替地作用。历史经验告诉我们，掌握材料的运用趋势，是一个渐进的过程，渐进的创新又是对模仿的积累。现阶段在材料表现中所选择的模仿对象和创新方式是来源于多方面的，但都是在积累和传承规定性的工艺、技术、手法、理念基础上进行的创造与发展。

5.2.1 理念再现与重构

理念是思想、观念、信念，是认定和追求的某种目标、原则和方法。尽管建筑所借助的手段是空间、材料、重力、尺度和光线，但它是人类思想特征的具体化表现，“是一种存在主义和形而上学的哲学模式”。[②]柏拉图通过模仿说来阐述理念派生事物，理念是通过对事物的抽象而形成的普遍共相，是事物模仿的模型，事物因为模仿了它的理念而称其为事物。1851年，森佩尔在《建筑四点论》中指出，材料的选择和使用要根据自然法则，但是它们的造型和特性却应该取决于由材料形成的理念而不是材料本身。不论是柏拉图还是森佩尔，他们对于“理念”的理解都有些先验论，将人的精神和意识独立出来决定材料的使用和表现，但他们强调了理念对于创造事物的重要性，正是有了它的指引才使材料看似并不具备的性能展现出来，同时传达着某种深层的意义。

5.2.1.1 材料运用理念的再现与重构

建筑创作理念与其他事物一样，不可能永恒不变，任何思想、思潮都是历史与现

---

① （法）加布里埃尔·塔尔德. 模仿律［M］. 何道宽，译. 北京：中国人民大学出版社，2008：33.

② 迈克尔·魏尼·艾利斯. 感官性极少主义：尤哈尼·帕拉斯马建筑师［M］. 焦怡雪，译. 北京：中国建筑工业出版社，2002：32.

实的结晶，都是在适应现实的发展过程中不断地自我完善和发展。设计者会根据人、建筑和客观因素的需要，将传统中材料运用的理念进行变异和重新组合来指导自己的实践。

人们对材料理论的建构始于对材料和技术的认识和思考。在19世纪新材料和新技术大量出现以前，人们并没有特别地将材料独立出来，研究它与建筑、人和自身的关系，在人们的意识里，它就是受制于人的物质。随着技术的发展，材料展示出新性能和新形式，它成为建筑的重要表现元素并催生着相应理论的出现。结构材料与装饰材料的结合与分化使设计者开始追溯和探索建筑表皮的生成与演变。早在古埃及时期，人们就在金字塔的建造中采用了石材贴面的做法（图5-16）。文艺复兴时期，阿尔伯蒂将建筑外墙面当作一幅空白的背景，在上面绘出各种图案和装饰，他认为装饰是可以依附和添加的，材质能使建筑外表变得更有特色，但不是必需的（图5-17）。19世纪中期，森佩尔系统地建构了材料理论，指出建筑是由编织艺术发展而来的，通过织物，平坦的表面被有节奏地组织起来，这种观点与构造学中建筑起源于结构和构造恰恰是相反的，他认为建筑模式设计要先于结构技术，而且在某种意义上装饰要比结构更具根本性。譬如，经森佩尔的研究，砖石的装饰性不是来自于结构，而是通过使用其他材料得到的，就是说其分割功能是主要的，承重是第二位的，砖石建筑像编织工艺的表面决定了它的技术，这显然颠倒了因果关系。人们的最初由于结构的需要而演变成一种既具美感又有意义的画面，这种饰面理论在瓦格纳和路斯的实践中得到进一

图5-16　金字塔的石灰石贴面

资料来源：WESTON R. Materials, form and architecture [M]. New Haven, CT: Yale University Press, 2003: 20.

图5-17　阿尔伯蒂在新圣母玛利亚教堂的设计中以不同色彩、质感的石材绘制其外墙，以表达“装饰”是附加的概念

资料来源：WESTON R. Materials, form and architecture [M]. New Haven, CT: Yale University Press, 2003: 53.

步发展，在瓦格纳设计的维也纳“马略尔卡陶屋”中，装饰性的花样和蔓条图案在建筑表面自由地攀爬蔓延，使整个墙面变成了一张轻盈的丝织物（图5-18），这是对森佩尔织物理论最生动的注解；20世纪初，维也纳建筑师J.M.霍夫曼设计的斯托克莱宫，运用了一种镀金的铜框将立面发亮的石板面镶嵌起来，突出了覆盖面的特点，这完全是按照森佩尔的理论和瓦格纳的观念行事（图5-19）。

路斯在理论和实践中也延续了森佩尔的表皮理念，但更倾向于对文脉关系的表达。他关注于在现代建筑中石材贴面的运用，指出石材贴面显露出的内部微结构，完全不同于以坚固粗放著称的粗面石材，它对现代创作来说无疑是恰当的（图5-20）。森佩尔针对的是实在性，目的在于否定和弃绝这一实在性，强调的是涂层本身的非物质性，墙面涂层扮演了“外衣”的角色，而真正的建筑恰恰存在于这一薄薄的外衣之中。路斯强调饰面层自身的真实性和独立性，材料不分贵贱，只要以真实性的名义来遮蔽内部的材料之实就是坦诚地表现自己。现代建筑中的饰面理论放入当代的建筑实践中，其意义又得到了扩展，这得益于高技术的支持。由艾里克·派瑞事务所于1998年在英国剑桥设计的女奠基人法院，手工饰面的传统惯例得到了重新检验（图5-21）。与典型的手工覆层不同，石块表层的重量不是由每一个楼板来支撑，而是依靠自身支撑了三层结构，这种石加工技术在各个细节上解决了差动的问题，可以说这是对路斯强调饰面真实性的进一步探索和表现，石材不仅表现为装饰饰面，本身也具有诚实的结构性。当代，关于表皮材料的内容已经超越建筑墙体建造的范畴，成为创作者的文化和价值理念的表达。

图5-18　瓦格纳设计的马略卡尔陶屋的墙面装饰图案像轻盈的丝织物

资料来源：WESTON R. Materials, form and architecture［M］. New Haven, CT: Yale University Press, 2003: 20.

图5-19　霍夫曼在斯托克莱宫的覆层手法诠释了“编织”理论

资料来源：（英）派屈克·纳特金斯. 建筑的故事［M］. 杨惠君，译. 上海：上海科学技术出版社，2001：167.

图5-20　路斯大厦石贴面的真实表达

资料来源：WESTON R. Materials, form and architecture [M]. New Haven, CT: Yale University Press, 2003: 62.

图5-21　英国剑桥女奠基人法院的手工饰面

资料来源：DERNIE D. New Stone Architecture [M]. London: Laurence King Publishing Ltd, 2003: 80.

5.2.1.2　建筑创作理念的再现与重构

自古人们在建筑创作中就融入了对宇宙、自然和社会的理解，在遗存下来的历史建筑或地方传统建筑中，都能读出其中蕴含的建筑理念和人生哲理，这些思想编织在材料的逻辑建构中，再通过它的形式表达出来。就如中国的木构建筑，在礼制的规范下形成了一系列从布局、细部到操作的等级限制，将一种理性秩序与物质秩序相结合，这是立足于木质的构造及表现基础之上的规范形制，也是伦理价值观念的表达。

现代建筑理念对当今建筑活动的影响无疑是最大的，无论是对它的继承、延续和发展还是对它的否定、排斥和割裂都是在以它为基础和标准上的创造。如伊东丰雄设计的日本仙台多功能文化中心就是对密斯和柯布西耶建筑理论的诠释。对于密斯的“流动空间”理念，伊东以“在水底漫游漂浮的恍惚感”来取代“空气”的流动；对于柯布西耶的“新建筑五点”，伊东则进行了修正，最明显的就是运用玻璃来表现底层的架空柱以追求非物质化的感觉，这也是对高科技编篮技术的通透钢管束的模仿，玻璃束柱像水草一般，使建筑看上去像“一个自由体验都市和连续不断的数字信息流的容器”（图5–22）。现代建筑理念在这种全新的材料、技术和形式的演绎中拥有了活力，又不断地为材料的发展提供理论源泉。

图5-22　伊东丰雄以编篮技术对玻璃建筑的塑造是对密斯和柯布西耶建筑理念的时代再现

资料来源：左图，http://upload.wikimedia.org/wikipedia/commons/thumb.

右图，WESTON R. Materials, form and architecture [M]. New Haven, CT: Yale University Press, 2003: 223.

古人在建筑活动中发现，事物的存在形式与视觉之间存在着某种“数”的联系，人们将这种联系转化为一种规则、秩序并逐渐形成设计理念作用于建筑中。就像任何垂直物体在视觉上的清晰表达都不可避免地指向三分法图像，即基座、骨架和顶端。古罗马墙面的横向分割和文艺复兴时期的三段式建筑就体现了这种设计理念，它对西方建筑的发展产生深远的影响，不同时代、不同民族的人们对“古典三段式”的演绎也不同。现代建筑时期，匈牙利建筑师J·普列尼则以不同材料和细部来表现“三段式”（图5-23）。在布拉格圣心教堂的设计中，突出表面石块与回炉炼砖砌块形成的丰富肌理的深色背景，与屋檐和门窗周边的白色粉刷形成了鲜明对比，使教堂具有分裂性组合的效果，但这种分层却严格遵循古典主义的比例和规则。后现代主义建筑时期，菲利普·约翰逊设计的美国电话电报公司以花岗石作为整个高层建筑墙面的饰材，立面按古典的三段式划分，这是约翰逊对20世纪初纽约城中尚未脱离传统形式的石材建筑做出的回应（图5-24）。在当代，设计者对“三段式”理念的表现手法则更加丰富，以透明材料、半透明材料或轻质材料来演绎的古典主义使建筑更具观赏性。

现代建筑现象学是寻求建筑本质，强调回归事物自身，抵抗抽象化、普遍性的重要理论与方法。场所是建筑现象学的一个基本出发点，是对现代环境危机，传统空间失落，文化个性丧失，环境单调雷同等问题的回应，于是“地域性”这一理念在全世界范围内得到重申。忽视建筑材料与地域的联系也许适合于寻找一种国际式建筑风格的理想，但这种考虑是建立在意识形态之上的，而不是材料本身，对建筑材料的特性和意义的思考离不开地域的特殊性约束。地域建筑师通过对本土建筑的研究，试图从材料的选用和材质的表现上找到与本土文化的某种联系，当有人问到查尔斯·柯里亚

图5-23　1932年，普列尼以不同材料的色彩、质感、肌理和组织方式来演绎古典三段式

资料来源：WESTON R. Materials, form and architecture [M]. New Haven, CT: Yale University Press, 2003: 180.

图5-24　后现代中，约翰逊在摩天楼的设计中以石贴面表现古典三段式

资料来源：（ 英 ）派屈克 · 纳特金斯. 建筑的故事 [M]. 杨惠君，译. 上海：上海科学技术出版社，2001：167.

图5-25　柯里亚设计的威丹巴缩州议会大楼是对印度窣堵坡形式的抽象表达

资料来源：建筑世界株式会社. 杨经文PA-世界顶级设计大师-查尔斯 · 科利 [M]. 海口：南海出版社，2003：18.

如何从古建筑中学到东西时，他回答："唯一的办法是尽量去理解这些建筑所蕴含的原则，然后用今天的材料去描述它"。[①]在他设计的威丹巴缩州议会大楼中，借鉴了印度窣堵坡的形式，但它以砂岩、瓷砖和混凝土等材料的当今组合方式抽象地表现出来，取得了文脉的一致性（ 图5-25 ）。对于当代高科技建筑材料的地方运用，以地域

① DERNIE D. New Stone Architecture [M]. Laurence King Publishing Ltd, London, 2003: 78.

文化理念来塑造是一种必要的探索，而给新材料注入这种文化内涵或许是使其超越“时间”的有效途径。

5.2.2 工艺继承与革新

材料的工艺是研究材料、构件等各要素相互结合的原理和方法，使建筑美观、高效和合理。现代主义建筑毅然决然地割断传统，是因为传统建筑已经不符合社会发展的规律，这种“割断”是有其历史意义的。而当代建筑的多元化表现使建筑的发展出现了许多问题，必须深入到建筑的根源去寻找答案。强调继承传统的建筑材料表现工艺的前提是，很长一段时间传统材料的工艺和运用方法已经遭到严重破坏或出现明显的断层，致使本来擅长某种材料的工艺出现整体水平的下降，独特而有价值的传统技能已经失传或面临失传的厄运。而传统建筑的特征主要依靠材料的工艺力量来充分形成建筑语汇，更为重要的是，对材料表现的创新是基于对传统工艺的理解，在此基础之上的改进和与新技术的结合才使材料的表现内容更具解释性。

5.2.2.1 意义的宣扬

从古希腊、古罗马建筑和中国古代的营造法式中可以看出，材料形成的比例、尺度、韵律、节奏以及色彩、肌理、光照等方面所展示的秩序和特征，都与其力学性能和美学性能相协调。传统的材料工艺由于大多由手工操作，使材料的表现具有一种“个性”的感觉，但在如今这个机器产品的时代，材料的构造表达可以无休止地复制。工艺之所以要继承，是它对于材料细部来说和标准化的建造技术不同，这是创新点，即在当今的技术作用下，表现出材料特有的“工艺性”，它是创作者特殊声音的表达。

长期以来，在石结构与木结构基础上总结出来的材料表现的工艺和原理，成了我们进行材料创新的依据。即使现代建筑打破了传统建筑材料的运用工艺，我们仍然把那时发展了的新工艺作为更新材料语言规则参照的基础。1988年，在修补和重建12世纪的葡萄牙圣·玛丽亚修道院时，建筑师对建筑本质的保留和石加工技术有这样的理解：“这些古老围墙来自于煞费苦心的研究，其目的不是考虑该不该保存的价值，而是作为了解它的一种方式和手段……当地的石加工技术能够把新建部分和现存部分融合在一起，把新的石材外面裹上肥料，使有机物快速地在上面生长”[①]（图5-26）。这个修复工程同当代作品一样，在对传统工艺的模仿和了解中，可以获知石材自远古以

① DERNIE D. New Stone Architecture [M]. London: Laurence King Publishing Ltd, 2003: 103.

图5-26　对12世纪葡萄牙圣·玛丽亚修道院的手工修补

资料来源：DERNIE D. New Stone Architecture [M]. London: Laurence King Publishing Ltd, 2003: 35.

图5-27　每二十年重建一次的日本伊势神宫

资料来源：（英）派屈克·纳特金斯. 建筑的故事 [M]. 上海：上海科学技术出版社，2001：107.

来就表现出来的各种相互关系，与土地、与自然、与工艺的关系。

对经典逼真的模仿，不仅是再现作品，同时也成为掌握该门艺术特有的技巧与表现手法的重要途径。传统材料的某些运用方式具有很强的技术性和艺术性，没有掌握相当程度的技能就很难谈其创造，它需要长时间的积累和实践。在日本模仿中国建筑之前，代表木构工艺的是神社建筑，它以茅草顶和自然的木材表现为主，几乎没有色彩和纹理上的修饰（图5–27）。在每二十年重建一次的时段里全用来传授建筑师建造神庙的技能，这种经典的建筑工艺凝聚着特定的手法、技巧、意义和价值，是宣扬民族精神的活化石。神社所透出的简洁、克制和雅致的气息成为安藤忠雄进行建筑创作的基调。在1992年塞维利亚世界博览会上，由他设计的日本展馆凭借新技术展现了日本传统木结构装配方法所内含的哲理，同时也是以现代木构技术对神社建筑的重新诠释（图5–28）。安藤的作品不只停留在传统工艺的形式上，而是对其涉及的各种关系进行解读，就像他赋予南岳山光明寺的木构架以真实的结构意义那样，建筑的梁柱体系没有使用斗栱的造型，而是采用松木集成材的斗栱层层叠加的结构方式进行表达，立面采用密集的竖向排列的小断面立柱来表现。由于建筑的整体空间构图和木材的使用采用了与传统一致的做法，使得整个建筑兼具传统的神韵和现代的简洁（图5–29）。正如安藤所说："在形式与材料等物质可见层面上继承传统及其独特美感相比，我更倾向于接受精神和感性的遗产"。①

传统的建筑装饰工艺除了传达材料的细部美感外，也传达着深刻的逻辑性。常见

① （美）理查德·派尔. 安藤忠雄 [M]. 王建国，等译. 北京：中国建筑工业出版社，1999：318.

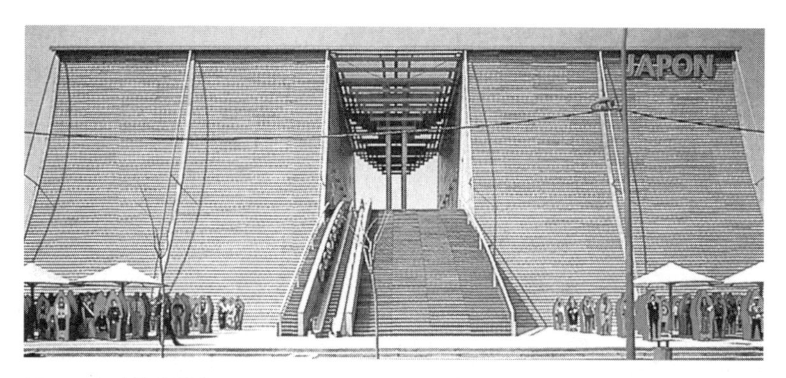

图5-28　安藤忠雄在1992年塞维利亚世博会上设计的日本展馆是对日本神社的抽象表达以展现木构的文化价值

资料来源：王静. 日本现代空间与材料表现［M］. 南京：东南大学出版社，2005：99.

图5-29　南岳山光明寺的木构架具有真实的结构意义

资料来源：王静. 日本现代空间与材料表现［M］. 南京：东南大学出版社，2005：101.

的外墙表面处理手法就是运用材料和颜色与墙面主材产生对比的水平饰带，拉斯金对此的猜测是，这种水平装饰可能起源于墙体砌筑时强度不同的两种材料的交替使用，反映着墙的建造过程（图5-30）。文艺复兴时期，建筑师运用这种工艺来拉伸室内的空间感，在伯鲁乃列斯基设计的巴齐礼拜堂中，内部白泥灰墙面上的线性图案源于用当地灰色石头制成的装潢材料，它们成了空间的透视线条。与水平“饰带”一样，对材料进行组织和拼接的勾缝的设计影响着整个建筑立面效果，这些细部的表现往往起着至关重要的作用。在赖特草原式住宅中，他善于用较薄的长条形罗马砖，用普通的白灰泥勾抹建筑基部的砖层，用带有颜色的灰泥来遮掩竖向砖缝，以此来强调建筑伸展的形象（图5-31）。而在哥德堡的艺术馆中，墙面上肌理粗犷的浅黄色砖与灰泥勾缝融为一体，产生出类似石材表面的匀质效果，似乎为了激起人们对意大利的回忆，而建筑表面所产生的变化往往依赖于这种绝妙的调整（图5-32）。

图5-30　日本奈良的墙壁其白色的饰带正是内部构造的瓦片交接线

资料来源：WESTON R. Materials, form and architecture [M]. Yale University Press, 2003: 165.

图5-31　赖特通过对灰泥勾缝的处理来强调墙体横向延展

资料来源：（英）斯宾塞尔·哈特. 赖特筑居 [M]. 李蕾，译. 北京：中国水利水电出版社，2002：39.

图5-32　哥德堡艺术馆的砖与灰泥勾缝融为一体

资料来源：WESTON R. Materials, form and architecture [M]. New Haven, CT: Yale University Press, 2003: 169.

图5-33　瓦格纳以螺钉固定石材贴面的方式清晰地呈现出表皮的构造，螺钉的排列所表现出的秩序和韵律具有很强的装饰性，赋予了这种技术以艺术性

资料来源：WESTON R. Materials, form and architecture [M]. CT: Yale University Press, 2003: 60.

当代的设计者更倾向于提炼传统工艺的美学意义。新艺术运动跨立在两个世纪的分界线上，运用新材料的同时也冲破传统材料技术的藩篱。瓦格纳在设计维也纳邮政储蓄银行时，选择了充当固定物的螺钉作为表现对象，使建筑覆层的构造模式极其清晰明确（图5-33）。随着饰面技术的成熟，这种铆钉的排列就完全成了装饰性的

图5-34 螺钉在起到固定构件作用的同时也具有了装饰意义

资料来源：WESTON R. Materials, form and architecture [M]. Yale University Press, 2003: 68.

图5-35 霍尔在Loisium Visitor Cen-ter（Austria, 1997）以螺钉强调金属转折

资料来源：http://www.Stevenholl.com/project

（图5-34）。2003年，斯蒂文·霍尔就运用这种工艺形式来建构富有诗意的表皮，建筑上以铆钉固定的规则与不规则的金属板之间以倾斜的角度相交成斜线，经铆钉强调的斜线在建筑表面上形成一张凸凹扭转的相互反射的金属网。以全新的材料和形式对这种细部工艺的再现使建筑具有更加强烈的时代感（图5-35）。

传统工艺对于现代技术来说，看似一种“低技”，其实它直接面对事物本身，直接表达材料的功能和构造过程，使材料以本真的状态展现。现代技术的本质特征是控制精神，有时迫使材料进入非“自然”状态，以达到我们需求的效果。但我们又必须正视这种发展，将传统工艺，尤其是其产生的原理与形成的逻辑继承下来与新技术结合，来获得建筑材料表现的深刻意义。

5.2.2.2 智能化的革新

每一种材料从其自然物质到成为建筑材料，经过加工、修整、砌筑、围合为建筑，是一个漫长的过程，而每一种材料所蕴含的表现力的展现也同样是漫长的历程，一切都与材料工艺的演进密不可分。在不同的时代背景下，加工工具、营造工艺、审美观念等因素影响着材料的使用，它们随着时代的进步不断地成熟和完善，也必将促进材料的创新。

工艺常常被用诗一般的语言描述为木构技术和结构的构造表现，或被描述为建筑与手工艺品感觉相联系的根据，然而，手工艺品的真实性在很早以前就向竞争中的经济、建造上的限制妥协了。对拉斯金来说，工业产品简直就像魔鬼一般，而模仿手工艺制品的机器制造被他称之为“工艺欺诈”，他认为材料真实性的表达是与“手工”密切相关的，这样才能促进工匠的自由发挥和创新。但柯布西耶在《走向新建筑》中指出，自然材料的组成是千变万化的，有很多天然缺陷，必须以具有稳定性的人工合成的匀质材料来替代。现代建筑不是通过手工艺来追求质量，而是通过对大生产技术的控制追求质量，而这种价值取向使材料工艺变成了“纯粹功能主义”的体现。到了20世纪中期，一些建筑师的探索缓解了传统工艺与现代技术的两极分化，加快了建筑“向工艺、建造方法和作为最终创造性行为的现场创作”[①]的回归。在这个机器时代里，设计者的意图和建造出来的产品之间的差距通过建筑师与艺术家之间的协作得到修正。工艺的局限性影响着设计，而现代技术通过测试各种材料构造的潜能调整了这些局限。

图5-36　赫尔佐格与德梅隆以丝网印刷技术将图像印刻于混凝土表面

资料来源：CECILIA F M, LEVENE R. HERZOG&de MEURON 2002—2006 [J]. EL croquis129/130，2006: 102.

对传统地域建筑中材料工艺的智能化革新，会使地方建筑文化得以延续和发扬。如埃及建筑师哈桑·法赛最大的探索之一就是对土坯技术的挖掘，这种创新的根本出发点就是将农学、空气动力学等研究成果融入传统材料的技术中。法赛认为，设计者应成为传统工艺与文化特征的继承人，而非技术的模仿者；对传统工艺的创新强调与材料新技术的结合，着重于材料“工艺性”的现代表现。赫尔佐格和德梅隆从瑞士传统手工艺的五彩拉毛粉饰中得到灵感，在瑞士艾伯斯瓦尔德理工大学图书馆的立面上，使用一种特殊的平版印刷术将新闻照片印在混凝土表面，玻璃表面则使用绢网印花法，传统工艺与现代工艺的结合使这层“文身”轻轻地漂浮在建筑表面（图5-36）。

① RANALLI G. “History, Craft, Invention,” Carlo Scarpa Architect: Intervening with History [M]. New York: The Monacelli Press, 1992: 40.

材料创作的极限已经不只是技术工艺的问题，而是设计者从传统工艺中所获得的表现材料的原理和规定，对这些内容的继承是形成新的创作理念的源泉。

材料已成为工艺的代言，这种表达是蕴含于视觉与触感中的人文关怀。当代，单纯地对传统工艺进行模仿便抹杀了现代技术的优越性。面对大规模生产和消费文化，对材料的传统工艺进行适当的智能化革新，将材料的活跃本性融于时代的技术之中，即是融合了现代主义的精确和“手工制造”的精神。

5.3 逆行性模仿的反求式创新

逆行性模仿的反求式创新是在对原型的生成原理、表现形式、内在秩序和蕴含意义理解之上的逆向思考和反向的实践与验证，以寻求突破和创新。在材料表现中，丰富创作手法的通常策略是关注材料间的相互关系，进行材料的有机组织，而当代的许多建筑师则选择用“激化”矛盾的方式来表现材料，将它们并置、对比：本应采用与环境相融合的材料，他们却超越客观因素的限制，将它们置于陌生的环境里；本应使用与材料相应的建造方式，他们则采用非常规的建造程序，使用传统上与建筑不相关的材料。塔尔德指出，虽然有时人们进行着“反模仿”，但同样表现出与很多事物的相似性，如同在20世纪后期出现的解构主义建筑，这种风格虽否定材料结构的合理性，但从建筑师对材料组织的细节上又处处参照传统，只不过对原有方式进行解构和重组。这一系列对材料表现的反求式探索为人们带来许多新的建筑体验。

5.3.1 功能的异化

很多材料比如砖石，在古典梁柱结构或与拱券结构中，充分地发挥了性能，但新材料技术的出现逐渐改变了它们的使用方式，传统中砖石与结构的对应关系被打破。它们的表现形式或以符号形式延续下来以新材料重新演绎，或为展现装饰效果以砖石拼贴的形式而存在，总之，它们的功能发生了异化。可塑、轻质或薄片式的材料的大量运用，使建筑告别了传统砖石厚重的形象，对此，瓦格纳预言：现代主义建筑的特点将会是“立面的板式处理”和“极简的造型”[①]，接下来的建筑发展便证实了这个预言。但有些传统中建筑元素本身就起源于装饰需要，而经过设计者的重新诠释又拥有

① WESTON R. Materials, form and architecture [M]. New Haven, CT: Yale University Press, 2003: 92.

了装饰以外的实用功能。

有时，建筑师运用各种材料的性能来表达设计理念和艺术创意，材料在表现出功能性之后，仍然隐匿于艺术形式的背后。如荷兰风格派的施罗德住宅立面是木材、钢材、石材以及钢筋混凝土等多种材料的杂合体，建筑师利用各自材料的硬度、轻质、坚实、厚重等特性来塑造艺术形式，但它们又被覆盖了不同色彩，变成艺术家手中的纯几何色块，这种设计理念的表达建立在对材料性能的理解之上，虽然并不是以表现材料为目的，却以极端的手法将人们的视线聚集在建筑的艺术形式之中。又如，传统建筑总以各种装饰手法来隐藏材料的构造，而密斯却要露出精心设计的构件，直接表达出材料与技术的功能关系，但对技术表现的极致追求，使本来彰显的功能性也发生了异化，例如有些房屋暴露出的钢柱，其内部就隐藏着繁杂的结构系统，成为真正形式上的“功能主义”。而有时，建筑师会打破材料的功能性与形式的对应关系，将材料置于非常规的状态中，在技术的支持下来挖掘它的新功能。如瓦格纳设计的维也纳邮政储蓄银行的室内设计就颠倒了对玻璃的常规运用手法。特种玻璃制成的地板与顶部玻璃拱顶相对应，这种在今天看似非常普遍的表现方式，在20世纪初期却改变了人们对玻璃承受力较弱和轻脆的原有认识（图5-37）。

某种风格的出现起初总是具有一定的“功能性”，随着大众对这种“功能”需求的减弱，这种风格逐渐演变为一种形式或符号被传播开来。传统文化是提供慰藉和创造的动力，地方材料和手工艺在现代建筑中的体现可以缓解都市人的紧张情绪。在日本，传统建筑的主要构件都是使用灰色的黏土建造的，表面色彩和纹理融合得恰到好处，于是，日本的象集团专门设计了铺路石和用同样黏土制成的构件模仿本国灰瓦屋

图5-37　维也纳邮政银行室内的玻璃地板具有了承重意义
资料来源：（美）约翰·派尔．世界室内设计史［M］．刘先觉，译．北京：中国建筑工业出版社，2003：235.

图5-38 日本象集团的瑜伽步道模仿了本国灰瓦屋面的肌理

资料来源：WESTON R. Materials, form and architecture [M]. New Haven, CT: Yale University Press, 2003: 107, 136, 137.

图5-39 赫兹伯格对古典建筑的理石装饰线脚以“包容性”的解释，并将这种元素用于自己的创作中

资料来源：WESTON R. Materials, form and architecture [M]. New Haven, CT: Yale University Press, 2003: 107, 136, 137.

面的肌理来铺设东京的瑜伽健身步道，将传统材料的“功能性”转化为延续传统的装饰语言（图5-38）。而某些风格的出现起初只是为了协调比例或满足视觉的要求，经过人们的不断诠释便具有了某种功能意义。就像古典建筑基座中的柱础和装饰线脚，经常被人们当作随意的休憩地点。赫曼·赫兹伯格以逆向的思考方式将这种表达形容为“包容性”的设计，他认为那种为偶然随意的坐靠服务的元素，胜过任何狭义的功能主义形式，建筑应含有这种诱发人们行为的形式（图5-39）。对此，他说：“我们不能简单地把这些线脚看成是一些形状，否则它们内在的规律性就开始无效了。这种感觉来自当石刻变成人们注意力活动的组成部分时，这种形式及其产生形式的方法就似乎是不可分割的了。”[①]基于这种理念和表现方法，材料在塑造建筑的同时，其功能性、装饰性和对某种精神的传达便合为一体了。

5.3.2　风格的对峙

人们常常会质疑于将某个地域风格的建筑引入到另一地区的企图，或是将当代建筑风格与传统风格进行对峙，希望建筑师根据“场所”概念进行创作，不应像现代建筑那样放之四海均可。想要做到这一点，建筑就要以“表面”化的统一和协调为标准么？那么，圣马可广场的和谐性将怎样解释？天安门广场的国家大剧院的震撼力又怎样解释？对一种表面秩序的维护，就是在浅层语义上的徘徊，有时，统一、协调、有机和共生的意义恰恰是从所模仿事物的对立面获得，因为事物之间的联系建立在彼此的展示和交流之中。材料的性能、应用技术和表现形式与建筑风格的形成息息相关，地域建筑与国际式建筑、传统建筑与当代建筑之间的对话其实就是塑造这些风格的地方材料与工业材料，传统材料与高技术材料的对话。

5.3.2.1　从所属建筑风格中反求

现代主义时期，金兹堡从建筑发展的角度指出：“新的建筑材料正经历着一个技术高速进步和完善的过程，绝不可能与‘古典’的建筑体系共处。它们二者之间互不需要。这当然是因为古典体系早已经完美，而且，像饱和溶液一样，再也不能吸收什么东西”。[②]但在当代建筑的多元化发展中，各种风格的建筑都能相互兼容，设计者也会将这种“并置”式的兼容用于同一座建筑的表现中。如在一些加建和改建项目中，设计者会选用与改造前完全不同的材料来表现，与原来的建筑风格形成强烈对比。由诺曼·福斯特设计的德国柏林国会大厦的玻璃穹顶，形式可谓是从传统建筑中的穹顶“模仿”而来，穹隆内部的镜面锥体以极高的效率将室内灯光反射出来，使这个传统建筑具有了时代气质（图5-40）。采用对比性的材料来表现统一的形式便产生了自相矛盾的建筑风格，而这种矛盾冲突的特点使厚重的传统建筑与轻盈的加建部分更具有存在感。

---

①（英）罗杰·斯克鲁顿．建筑美学［M］．刘先觉，译．北京：中国建筑工业出版社，2003：60.

②（俄）M·Я金兹堡．风格与时代［M］．陈志华，译．西安：陕西师范大学出版社，2004：14.

图5-40　福斯特在古典建筑上加建的穹顶以玻璃和新技术演绎
资料来源:（英）乔纳森·格兰锡. 20世纪建筑［M］. 李洁修，等译. 北京：中国青年出版社，2002：276.

图5-41　赫尔佐格与德梅隆在泰特美术馆的传统工业建筑上只加建了玻璃盒以构成强对比
资料来源:（英）派屈克·纳特金斯. 建筑的故事［M］. 杨惠君，译. 上海：上海科学技术出版社，2001：223.

在表达历史延续性的建筑创作中，真正关注的应是对时间和历史的总体感受，而不是事实上的历史及其产物，通过材料的选择和组织来传达这种理念所要表达的，是一种历史感和对永恒的感知。21世纪之交，由赫尔佐格与德梅隆改建的位于伦敦泰晤士河畔上的泰特美术馆，只是在建筑屋顶和塔楼上部加建了玻璃盒子，通透的玻璃与建筑立面厚重的褐色砖墙形成强烈对比，但却营造了一个与原有厚重的工业建筑形象相协调的空间（图5-41）。而里尔美术馆的加建可以说采取了一个讨巧的办法，法国建筑师J·M·伊博斯（Jean Mare Ibos）和M·维塔特（Mirto Vitart）在老馆的对面立

图5-42　里尔美术馆老馆在扩建的玻璃盒子中的映像
资料来源：法国现代建筑专集［J］. 世界建筑导报，1999（01/02）.

起一座扁长的方盒子，由印有图案的彩釉喷绘玻璃幕墙覆盖，简洁的设计似乎一点都没考虑抽取一些老建筑的符号元素以和它对话，然而身处现场则会发现，从楼前的任意角度观察，老楼的镜像总是映在新楼的幕墙上，形成了新旧一体的幻觉（图5–42）。从中可以清晰地感受到，材料的表现只有与所处的时代风格精神相融合时，才能真正地将其潜在的艺术能量发挥到极致，而跟随式的模仿必然会造成一元化运用的肤浅处理。

5.3.2.2　从地域建筑风格中反求

提到传统，人们采取的态度总是或跳离、或对立、或延续、或融合，延续与融合的目的不言而喻，而“对立”则分为由于排斥的对立和为了寻求突破、提升和延续传统的对立，是从相反的方向补充和发扬传统。地域传统本身并不是一成不变的，而是不断发展和完善的，并且必须在同异文化的交流和冲撞中保持本民族传统的先进性，追求所谓传统的纯净性既是不可能的也不利于发展。地域特征完全可以从对立的因素中获得，就如丹下健三所讲：“地域传统是可以通过对自身缺点进行挑战和对其内在的连续统一性进行追踪而发展起来”。[①]

在当代，材料的地域性差别以及施工的机械化、标准化程度的一致性，似乎是导致地域建筑文化逐渐缺失的主要原因，但技术的全球化必然要受到不同材料特性的影响，而就每一种材料来说，它的构造逻辑总是保持着一定程度的一贯性和特殊性，使

① CHARLES J. Modern Movements in Architecture［M］. Anchor Press，1973: 322.

其成为地域性符号，这种“符号”展现出地域材料的美学属性和文化特色，虽然有时脱离了本土环境，虽然这种符号会以其他材料来演绎或以新技术来取代它的构造工艺，却依然传递出地域风格的独特魅力。赖特从北美和墨西哥印第安文化、欧洲建筑历史以及传统的日本建筑中综合主题，创造了属于美国的建筑风格；柯布西耶在日本和印度的建筑已经形成了当地最强的传统模式之一，而这种影响又体现在安藤忠雄、查尔斯·柯里亚的作品中，反过来他们以材料来表达地域风格的理念再次传播到世界其他地区的建筑活动中。安藤忠雄在美国福特沃斯现代艺术博物馆的设计中，采用标准化来编织建筑构件，而这一标准化语言，正是该地区的建筑传统之一，但安藤在重复体块上设置了从日本神社的屋脊构造抽象出来的“Y”形支架，并以混凝土来表达，它与玻璃、钢和水的组合，将民族的建筑语汇以现代的方式进行了诠释，却使它成为国际风格的建筑（图5-43）。

在西方，由于历史建筑的保护工作很到位，城市中的历史建筑、传统建筑比比皆是，使得人们反而忽视了它们的意义，然而许多富有挑战精神的建筑师以当代的新材料、新技术、新手法在这些老建筑身边构筑似乎与之“抗衡”的建筑，这种“抗衡”提升了彼此间存在的意义。西班牙建筑师R·莫内欧（Rafael Moneo）将建筑视为永恒的存在体，他为本国设计的市政厅处于古典建筑围合的广场中，而以现代创作方式表现的风格和材料的组织形式却恰当地回应了周围文艺复兴、巴洛克和洛可可风格的建筑。浅黄色的石材作为主要的材料处理新老建筑的过渡关系，立面上每层的石柱错落布置，形成不同尺度的开口，但同一色调的石材以相同尺度的搭接仍保证

图5-43　安藤将日本神社屋脊的“Y”形用混凝土以美国当地建筑的标准化语言演绎出来

资料来源：左图，WESTON R. Materials, form and architecture［M］. New Haven, CT: Yale University Press, 2003: 8.
右图，http://www.minusfive.com/.../39/about-tadao-ando

了规整的形象。这些微妙的处理渗透着古典建筑变化与严谨的气质，构建立了古典与当代的对话语言（图5-44）。

图5-44　R·莫内欧以当代建筑表现手法延续历史文脉
资料来源：http://commons.wikimedia.org/wiki/Image: Kursaal.jpg.

通常情况下，大多建筑师理解的“地域性”停留在当地固有的物质环境这一层面，导致了因延续“地域”而造成的矫揉造作的设计。在西班牙马略卡岛的约恩·伍重设计的住宅（图5-45）中，伍重并没有特意效仿以手工艺为基础的当地风格，而是从材料细部的设计上来阐释建筑与文脉的联系，如石砌块表面留下圆锯的切痕，木头表面的铁钉钻眼在经过风雨侵蚀后留下的痕迹。对于地域风格的延续，更多的是与不可名状的记忆、联想、气味等感受有关，设计者也需要跳离或超越对传统意义上“物质”的模仿。

图5-45　伍重在西班牙马略卡岛设计的住宅通过对材料的细部处理来延续当地文脉
资料来源：WESTON R. Materials, form and architecture [M]. New Haven, CT: Yale University Press, 2003: 111.

5.3.2.3　从时代建筑风格中反求

被称为“皱折”“胎记”的材料形象，是历史消耗的沉积和自然冲刷的痕迹，也是人类发展过程的缩影，诉说着岁月的流逝和光阴的转换，它触动着人们的视感神经，并引发人们关于自然、世界、人生的深层思考，对这种历史印迹和自然状态的模仿在材料的表现中是必然的，也是必要的，而这种表达也是对国际式建筑和技术全球化趋势的挑战与调和。

现代主义时期的先锋建筑师在与传统建筑进行决裂，并创造了现代建筑的实践中，也在不断地质疑逐渐形成的现代风格并试图突破自己从前的创作模式。赖特的有机建筑理论倡导建筑应与环境相融，他的西塔里埃森似乎从大地中生长出来，沙漠岩石的墙壁和帆布屋顶，都是对沙漠景观和气候的直接回应。马赛公寓的设计虽然仍旧体现着柯布西耶的“新建筑五点”，但底层架空的巨大支柱和建筑表面都以未经加工的混凝土来表现，粗野的外观与战前的白色粉刷建筑形成鲜明对比，这是柯布刻意地将这些“粗鲁的”、看似随意的处理与现代建造技术并置起来，在美学上产生强烈对比。密斯也不是一贯地表现玻璃和钢表现新技术形式，荷兰建筑师贝尔拉格和史提尔派的早期作品给予密斯的创作很多启示，他曾到贝尔拉格设计的证券交易所去捉摸如何运用清水砖墙来净化建筑的艺术效果，也学习了史提尔派以不同色彩与质感的平面组成的几何形图案的艺术表达。1926年，密斯为德国共产主义战士李卜克内西和卢森堡设计的纪念碑，就是一个同传统纪念碑形式决裂、没有任何装饰的、抽象构图的砖砌体（图5-46）。在当代全球趋同化的形势下，建筑师开始着眼于地方，从地方和传统的建造中寻求创作灵感，并运用现代高技术来呈现。如伦佐・皮亚诺所做的奇芭欧艺术中心，是基于相同的模数式结构建造的建筑组合体，具有灵活的缩减与扩展性，经过计算机精密的计算使建筑呈现出粗犷的地域特色。高科技手法的运用与近乎原始的淳

图5-46　密斯以传统材料的砖“雕塑”抽象的形式：李卜克内西和卢森堡设计的纪念碑

资料来源：http://www.archined.nl/upload/pics/Forward-MiesvanderRohe-01.

图5-47　当代高技术建筑呈现出回归传统的倾向

资料来源：（英）彼得·布坎南. 伦佐·皮亚诺建筑工作室作品集：第四卷［M］. 蒋昌芸，译. 北京：机械工业出版社，2003：189.

朴面貌的对比，也是当代高科技建筑风格呈现出的新趋势，似乎预示着当代建筑向传统建筑的回归倾向（图5–47）。

金属、玻璃幕、钢筋混凝土塑成的摩天楼长期以来以实体、稳重的形象深深扎根在人们头脑中，而让·努韦尔于1988年设计的“无止境楼”却追求一种“非物质”的建筑表达和“生长型”的结构体系。从建筑基座粗糙的花岗石到向上的磨光花岗石，再到上面的银灰色压花玻璃，形成了一座越往高处越透明的玻璃外墙的环形塔楼，这样形象的摩天楼和已被接受的原则完全矛盾。虽然只是方案，但这样的构想在建筑师的头脑中并未停止。20世纪90年代，伦敦的泰晤士塔就以一个透明玻璃圆柱围绕一根水管结构体的形象作为街头反应气候的雕塑，透明的玻璃“试管”几乎融入蓝天的背景中（图5–48）。如此看来，

图5-48　让·努韦尔于1988年设计的“无止境楼”方案与伦敦玻璃“试管”的泰晤士塔，利用玻璃的透明性来追求建筑的“非物质性”表现，突破了传统建筑的实体感，预示着建筑的发展方向

资料来源：左图，（英）康威·劳埃德·摩根. 让·努韦尔：建筑的元素［M］. 白颖，译. 北京：中国建筑工业出版社，2004：154；右图，李东华. 高技术生态建筑［M］. 天津：天津大学出版社，2002：214.

一种建筑风格和一种材料表现方式的出现从开始引发的质疑到后来被接受，需要不断地模仿、激化和实践，这是风格演变的机制，也是材料创新的必然，材料表现的创新不仅是与时代的融合、与传统的延续，更在于对时代的突破和对未来的感知。

5.4 本章小结

类型一词代表模仿一种事物的意欲，关键在于它是一个目的。模仿的目的是创新，创造出与原型相异的具有发展和进步意义的事物，对模仿中创新的材料表现类型进行阐述是给模仿提供一种框架、一种依据。这些类型存在于建筑发展史和当今人们的建筑活动中，材料表现中所包含的性能、形式、技术、工艺、理念等内容的发展都对应着相应的模仿创新的类型。这些类型解决了材料表现的统一与多样的矛盾问题，材料的创新依赖于在类型基础上的探索。

首先，在实验性模仿的转移式创新中，获得对材料性能的认识与所采用的技术密不可分，自然材料与工业材料、传统材料与新材料间的技术转换，以及移植相应学科的先进技术，使各种材料完善了其本身的性能，也拥有了新的表达方式，同时，建筑师根据材料表现出的共同性或差异性特征，尝试着以性能相近或相异的材料在技术的支持下来替代原有材料的表现形式，以此来挖掘材料的表现力。

其次，在规定性模仿的渐进式创新中，掌握材料的运用是一个渐进的过程，渐进的创新又是对模仿的积累，这是在传承传统中规定性的建筑创作理念和材料工艺的基础上而进行的创造与发展。

最后，在逆行性模仿的反求式创新中，建筑师在对模仿原型的生成原理、表现形式、内在秩序和蕴含意义的研究里，试从其对立面来思考材料表现的内容，以破除材料运用的一贯原则。在这些实践中，材料相对应的功能发生了异化，所塑造的风格也跳离了建筑本身、地域建筑和时代建筑的风格，而这种对材料创新表达的逆向探索，强化了材料本身及其建筑的存在感和意义。

第6章

模仿中创新的材料表现模式

芬兰史诗《卡勒瓦拉》中的英雄从来不惧怕尝试各种材料，“苹果树的木材用作所有的椽木、赤杨木用作窗格、鳟鱼骨头装饰窗户，炉火生于花丛中。所有的椅子白银铸就、所有的地板铜砖铺就、所有的壁炉都镶嵌在铜壁当中、所有的炉底大理石雕成……”。[①]也许正是芬兰建筑师传承了这种“勇敢”的建筑精神，才成就了阿尔托对于建筑、对于材料表现的“人情化”与“乡土情怀”的演绎。前人对材料的大胆尝试和应用为后人提供了许多材料表现的模式，以此为基础的探索使其表现内容不断丰富。

“模式”是从不断重复出现的事件中发现的客观规律，是前人积累经验的抽象和升华，它强调的是形式上的规律，是解决问题的经验的总结，任何模式都在不断发展和创新中。通过模仿达到材料表现上的创新是基于不同创作目的的，有以表现材料为主、以阐释空间为主和以协调环境为主的，在这些创作内容里，材料或起着决定性作用或处于被支配位置，其作用是不容忽视的。以“目的”来划分模仿中创新的材料表现模式强化了材料与建筑创作的联系。

6.1 以表现材料为主的创新：模仿的复归

森佩尔在1834年的一篇文章中指出“使新材料继续模仿传统材料的做法是十分不正确的，更不用说将它们的真实面目掩饰起来，赋予其虚假的外表……让材料用自己的语言来表达，让它们自然呈现出适宜的形状和比例。砖看上去像砖、木头是木头、铁是铁，总之每一种材料都应该遵守自身的静态法则”。[②]从建筑的发展历史中，我们发现人们对新材料的认识总是通过模仿传统材料的表现形式和应用技术中获得的，这是必然的过程，但突破这种形式的模仿，使模仿的内容复归于材料的本质，以材料为主导才能继续发挥材料的性能。在建筑多元化发展的今天，许多建筑师基于对“结构”和“表皮”现象的研究开始探索如何用材料自己的语言说话。其中，或挖掘材料的性能、或表现材料的构造工艺与技术，或对材料表现形式进行净化，使之远离抽象

① （希腊）安东尼·C·安东尼亚德斯. 史诗空间——探寻西方建筑的根源［M］. 刘耀辉，译. 北京：中国建筑工业出版社，2008：187.

② WESTON R. Materials, form and architecture［M］. New Haven, CT: Yale University Press, 2003: 72.

达到具体表现的可能方式等，这种回归绝非对于某种新形式主义的呼吁，也不是为那种基于手工艺建构的怀旧，也不是对所谓“材料真实性”的着迷，它反映了在当代建筑创作中由材料向材料“物质性”表达的理念转换中。

6.1.1　材料性能的本质体现

我们时常会被那些流行的建筑外形干扰，由于无场所、无时间信息的拼合，我们对建筑的存在体验变得与传统根源脱节。为了让建筑回归于有存在依据的土壤之中，材料的物质性需要被人感知，以提供感知世界的稳定和可靠的基础。

在近现代新材料、新技术出现以后，许多建筑师发展为材料决定论者，铸铁和钢筋混凝土在建筑中的应用，促使人们在静力学和材料力学的基础上，重新思考材料的“物质性”或“真实性”。密斯认为建筑的未来是与发挥材料的内在潜力紧密联系在一起的；柯布西耶也曾发表过评论说：“我的手臂熟知石块和砖头的重量，我眼睛中看到的是木材惊人的抵抗力，头脑中也十分清楚钢材非凡的品质……每一种材料都有其独特的情感，对于建筑设计来说，最重要的是与物质材料保持紧密的联系”①；赖特强调要按照材料的本性设计，他“把砖看成是砖，木看成是木，把水泥、玻璃和金属都看成是其本身……每一种材料均具有能按其特性来运用的可能性”②；而阿尔瓦·阿尔托对待材料的人情化态度为人们对材料自然属性的理解增添了深刻的精神意义；现代建筑工程师彼得·赖斯主张设计师有责任“运用对材料和结构的理解来真正实现材料在建筑中的利用潜力，并能深入理解材料本身和制造它、设计它的人。”③由此看出，材料的结构性能和美学性能是否能得到充分展现关系到设计者对材料本质的认识。对材料本质的“物质性”和“真实性”的理解存在两种倾向，一是设计者在创作和建造中运用材料的态度和方式忠于物质材料；二是指材料本身具有一种物质的“真实性”。两种理解源于两种设计理念，第一种通过技术手段来挖掘材料性能，强调以理性思维组织材料；第二种则以艺术思维表现材料，力图在人与材料之间建立某种联系，通过对材料的艺术处理来强化它的物质感。

6.1.1.1　两种理念

在赫尔辛基的阿列克斯15号，（图6–1）有三根不同截面和材料的柱子并排在一起

① WESTON R. Materials, form and architecture [M]. New Haven, CT: Yale University Press, 2003: 78.

② WRIGHT F L. The Future of Architecture [M]. New York: Horizon Press, 1953: 192.

③ WESTON R. Materials, form and architecture [M]. New Haven, CT: Yale University Press, 2003: 132.

组成一组雕塑，即圆形的柚木柱、三角形的不锈钢柱、方形的棕色花岗石柱，它们各以自己的质感和传达的工艺特征来唤起可触知的亲密感。这组雕塑显示出，不同的材料有不同的表现内容，这些内容引发了我们对材料技术、艺术和哲学意义的思考。

图6-1 赫尔辛基的阿列克斯15号以三根不同材质的柱子组成一组雕塑

资料来源：迈克尔·魏尼·艾利斯. 感官性极少主义：尤哈尼·帕拉斯马建筑师［M］. 焦怡雪，译. 北京：中国建筑工业出版社，2002：29.

1）理性思维——技术的运用：海德格尔认为，现代技术通过把事物物质化、功能化、统一化的展现而剥夺了事物的本真，使事物失去了自己的本质。这必须建立一种新的与事物的对话关系，这种希望就蛰伏在思想中，蛰伏在对现代技术的根源与本质的追问之中。[①]但我们不能排斥技术的效能，因为约定俗成的材料加工工艺容易使设计者对材料的应用产生思想上的禁锢，技术的应用应尊重材料的本质，作为发挥材料性能的辅助手段。赫尔佐格与德梅隆就以非常精确的技术手法表现各种材料，并从中提炼新材料，玻璃、金属、天然碎石、工业板材、非建筑材料等一切可能被想到使用的材料，通过打孔、印刷、腐蚀、堆叠、镶嵌、编织等一切可能想到的工艺，以知性的方式强化建筑表皮的肌理、图案的规律与变化造成的力量。

2）艺术思维——艺术的表达：加斯顿·波克拉德从哲学的角度描述物质想象："对于一种洞察的强烈要求，根本不受形式想象的影响，你会思考这个问题，向往它，并且置身于其中，换句话说，想象的过程物质化了。"[②]由物质的深度引发的联想比观看形式引发的联想更为原始，在情感上也更加强烈，而每一种材料的价值都具有一种幻想色彩，这是剥离了形式的外衣之后对它的本质思考。

杨振宁曾说："在自然科学中我对'美'的最终的判断是，它是否可用于自然界……在其他领域内，美的最终标准是人是否与它有关。"真正的艺术应该能刺激人们的设想知觉，材料真实地表达自己就是一种真正艺术，此刻它呈现出的深度与朴实为人们带来心理的平和，是人们可以用听觉、视觉、嗅觉、触觉去感知的。现代大多数建筑常用的材料如玻璃板、金属以及人工合成材料等仅仅展现了它们表面的视觉特

---

① （德）冈特·绍伊博尔德. 海德格尔分析新时代的科技［M］. 宋祖良，译. 北京：中国社会科学出版社，1993：109.

② DERNIE D. New Stone Architecture［M］. London: Laurence King Publishing Ltd, 2003: 12.

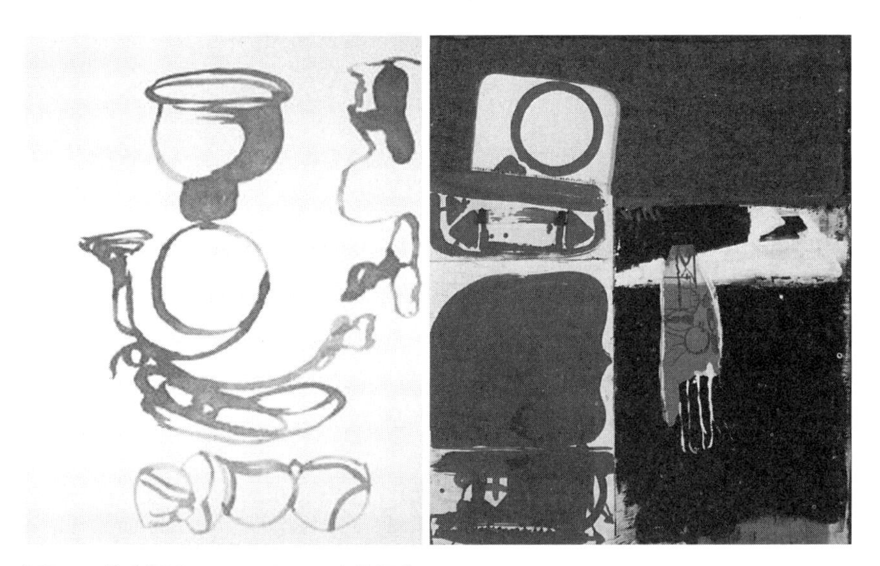

图6-2　鲍依斯（Joseph Beuys）的画作
资料来源：http://www.artchive.com/artchive/b/beuys/beuys_kings.

性，而没有传达任何关于材料本质和时间作用的信息，因此，许多建筑师都在探索材料的催化剂。卒姆托着眼于操作的方式和对材料美学性能的挖掘，以及材料在不同环境下呈现出的特性，他对材料的运用表现出一种对原始状态的敬畏，这主要是受到了艺术家约瑟夫·鲍依斯和意大利贫穷艺术组的创作影响，他说："他们那考究而富有美感的材料使用方式似乎依赖于远古时期的人类对材料的基本认识，同时也展现出材料超越所有文化背景意义所蕴含的真正本质"。[①]（图6–2）

6.1.1.2　材料结构性能的本质体现

赖特认为，建筑是用结构来表达思想的科学性艺术。结构对于建筑如同骨骼对于动物一样，结构给予建筑基本的形式、特征、韵律与尺度的调和。建筑的结构由于材料实际的物理性能而显示出实效，"我们借助于自己的身体、骨骼和肌肉系统，通过无意识的模仿去体验结构的性能"[②]。

每一种材料都有着它自身最佳的结构方式，例如石料的抗弯能力大大弱于它的抗压能力，因而在人类的早期建筑如古希腊的石建筑中，跨度受到限制，因而立柱密集。而哥特式建筑的十字拱和飞扶壁，由于解决了结构内巨大水平力的静力平衡，因

① WESTON R. Materials, form and architecture［M］. New Haven, CT: Yale University Press, 2003: 192.

② 迈克尔·魏尼·艾利斯. 感官性极少主义：尤哈尼·帕拉斯马建筑师［M］. 焦怡雪，译. 北京：中国建筑工业出版社，2002：32.

而形成了巨大的内部空间。结构是技术的产物，结构形式的选择受一定的技术水平的制约，结构不仅有赖于材料的特性，也取决于力学科学的发展。计算机的介入使得结构力学可以按照真实的模型进行分析与计算，从而得出真实的受力情况，如钢筋混凝土，它所具有的连贯性潜质就是当以计算机为基础的“有限元”出现后才发挥出来的。无论自然材料还是工业材料，在打破了传统的结构形态之后，其性能都能得到进一步的发挥。英国建筑师史密斯夫妇认为建筑的美应以“结构与材料的真实表现作为准则”[①]，即与材料的本质性能相对应的结构形式才具有真实的美。

1）自然材料结构性能的本质体现：“叠砌”是探索石本质的方式，石材通常用来表达重量、厚度以及稳固性，但逐渐变薄的墙体、扶壁以及小尖塔等这些传统的形式说明了石材能够独自传递力而不需要额外的拉力。同样，石造的横梁、拱门、圆顶也能说明石结构解决空间跨度的能力。当前出现于建筑中的石材都被当作壁砖使用，半个世纪以来这种做法一直没有多大改变，建筑师在探索承重石加工技术时，受到了石料和玻璃相似物理特性的启示，这样就可以考虑将玻璃结构技术引入到石结构中。近十几年，具有承载能力的石材结构，如张拉技术随着工程技术的发展而发展。1992年的塞维利亚博览会中，由彼得·怀斯设计的“未来的帐篷”展示了承重石材的支撑结构（图6–3）。怀斯认为：“石材在压力下容易破碎和产生裂缝，如果我们能够使石料经得住压力和突然的负重，那么我们就有可能用石板作为基本的建材来修建屏壁。”[②]他运用张拉技术以钢筋穿过石块，拉紧的钢筋使石块紧压在一起自由地向空中升腾跨越。这个技术成就了伦佐·皮亚诺在意大利设计的教堂的壮观，使石拱的跨距达到了45米。钢筋的运用形式模仿了玻璃技术，但这样出现在石材结构中是依赖于对石料性能的掌握和技术的精确运用（图6–4）。

在结构上被称作“现代技术的真正先驱”的哥特式建筑，不只局限于用石材结构来表现，在盛产橡木的英格兰，木匠们就以橡木悬臂托梁的结构来演绎哥特风格的屋顶形式，英国圣温德里达教堂那华美木工艺的屋顶就是最好的见证（图6–5）。如今，建筑师以当代的设计手法来诠释哥特风格，如美国加利福尼亚的斯基罗斯礼拜堂中所体现的，节点处连接冷杉木的钢片在结构上承受并分担重力的作用，使得整个木建筑牢牢地抱在一起来呈现哥特式的升腾（图6–6）。从石材到木材，从木材到与现代技术的结合，在每一个模仿哥特建筑结构或哥特风格的阶段，木材的表现都令人刮目相看，因为这种模仿创新，是基于对材料特性了解的基础上，其结构、形式、技术与材料的结合实现了整体建筑的有机性。

---

① 罗小未. 外国近现代建筑史［M］. 北京：中国建筑工业出版社，2004.

② DERNIE D. New Stone Architecture. London: Laurence King Publishing Ltd, 2003: 104.

图6-3　怀斯以石材表现的“未来帐篷”
资料来源：DERNIE D. New Stone Architecture [M]. Laurence King Publishing Ltd, 2003: 92, 101.

图6-4　皮亚诺运用张拉技术表现大跨度石拱结构
资料来源：DERNIE D. New Stone Architecture [M]. Laurence King Publishing Ltd, 2003: 92, 101.

图6-5　中世纪在盛产橡木的英格兰以木结构表现哥特风格
资料来源：（英）派屈克・纳特金斯. 建筑的故事 [M]. 杨惠君，译. 上海：上海科学技术出版社，2001：58.

图6-6　美国当代加利福尼亚的斯基罗斯礼拜堂以木材和钢构件的结合来呈现哥特建筑的“升腾”
资料来源：STUNGO N. The New Wood Architecture [M]. London: Calmann & King Ltd, 1998: 121.

2）工业材料结构性能的本质体现：万神庙的混凝土墙体是浇筑在永久性的砖砌模板中形成的，墙体中设有许多减压拱，这些令人惊叹的结构甚至在千余年后的20世纪还启发了路易斯・I・康的灵感。康对待砖的现代用法是“对话”，将材料看成有生命的，并尊重它的“权利”，在艾哈迈德巴德印度管理学院的设计中，康采用砖砌薄拱和钢筋混凝土梁的复合结构来表现墙面，关于应付地震荷载，他受到结构工程师的启发：地震产生向上的力十分类似由重力造成的向下的力，可以用相同的结构形式

图6-7 路易斯·I·康发挥了砖的性能，以砖结构挑战重力
资料来源：WESTON R. Materials, form and architecture [M]. New Haven CT: Yale University Press, 2003: 92.

进行抵抗。因此，他在圆形洞口处使用了大型的“砖双拱”的经典结构（图6-7）。康认为只将砖作为表面覆层是减损了它的自然属性，砖墙的砌合并不仅仅是砖块的简单相加，它的结构凝固了事物的真实状态，它从建筑的界面发展成为独立的要点，释放了原始结构功能。

约瑟夫·奥古斯特·勒克斯将“物质感消失”作为钢铁结构的最高原则，[①]因为钢能够以最小的尺寸容纳极高的潜在荷载，使得墙体变成一层透明的玻璃外皮，解放了空间。关于钢结构能否直接作为造型表现元素的问题经历了一个漫长的反复过程，长期的装饰主义思想认为暴露钢铁结构或构件会流于简陋、粗暴，而钢铁的潜质还是在不断的技术模仿和形式模仿中发挥出来的，它精确、细致的造型符合了结构力学的逻辑。当材料真正展示出它的结构性能时，它呈现的形式就是真实和完美的，就会逐渐地为人们所接受。因此，尊重材料的本质属性并按照结构原则进行设计，其本身就是一条创新之路。

6.1.1.3 材料美学性能的本质体现

意大利现代主义建筑师路易吉·莫雷蒂写道：艺术最重要的影响力是“凝练现实”的品质，它“必须释放出远远高于现实生活的能量密度”[②]，材料讲求实际的真实性是通过一种类似于这种艺术密度的特性得到补充的，物理性能的体现只是效果的一半，在它们吸收的模式中，或丰富或简洁的表现中，这些内容将成为更重要的角色，产生超材料的表现力。材料之所以呈现出各种差异是由其内部不同的、固有的本质力量所决定。我们一般通过材料的外在表现形式来解释所感知的东西，这种认知的倾向常常遮蔽了我们对材料真实美感属性的鉴赏，如质感肌理以及它所蕴含的美学意义，这需要借助一些特殊工艺和技术手段将材料本质的美展现出来。

1）材料质感肌理的真实表达：曾任包豪斯“基础课程”教师的约翰尼斯·伊顿要求学生们去“体验和证明材料的特性，要理解光滑与粗糙、坚硬与柔软、轻与重之

---

① WESTON R. Materials, form and architecture [M]. New Haven, CT: Yale University Press, 2003: 77.

② MORETTI L. “The Values of Profiles,” Oppositions, vol. 1974 (10): 116.

间的对比不能只靠眼睛，要亲自去感受”[1]，尊重材料是试图去揭开材料背后隐藏的勃勃生机。

对材料质感肌理的选择与处理是材料表现的关键。质感是包括对材料的触觉感受、视觉特性的客观描述，而肌理是物质表面形态的纹理，它使触觉器官产生物质材料某些质的感受，并表现为一种存在的纹样，材料性质就隐含在材料表面的肌理形态中。设计者模仿材料质感、肌理的目的有两种，一是通过粘贴、喷涂等手法，掩盖材料原有的肌理，来降低经济消耗并提高材料的审美价值；二是通过机械方法对各种材料的表面进行加工，达到要求的纹理，以表现材料的本质和特征[2]，前者讲求的是实用性，而后者是借助于工艺来认识材料的过程，是内在美感属性的表露。就比如感受混凝土，赖特认为混凝土的特点在很大程度上是由模板而非其本身造就的，也就是，混凝土表现的重点在于通过模板来完成的表面质感。光滑质感的形成一般是采用光滑的金属类模板或对模板刷涂料来实现的。木纹质感就用木材作为模板，条纹、石材、砖砌等纹理的制作再根据立面设计对模板内侧进行处理，而这些处理的成败关键在于工匠的技术水平和感官经验。就如阿瑟·叔本华所说：“通过感官对材料的质感、硬度以及内聚性等方面的直接体验，对于理解一件建筑作品并从中获得美学的享受来说是绝对必要的”。[3]

利用各种材料的表面属性或物理特性进行组合而形成的肌理，可以形象性的传达建筑创作所要明示的寓意。查尔斯·柯里亚善于用不同色彩、质感和肌理的石材拼接图案，对“符号”进行抽象表达，在菩尼大学的应特天文学中心的设计中，入口处围墙的中心位置，玄武岩的表面逐渐变窄并位于底部，它上面是一排排颜色更深的库达帕石，最顶上是光滑的黑色花岗石，三层深浅不一的色调叠在一起，质感从粗糙到纯净光亮，模仿了外太空构造的视觉效果（图6–8）。黑川纪章设计的久慈市文化会馆的外墙以日本传统折纸艺术为参照，在素混凝土材料中加入了钛合金装饰板，使亚光的肌理上星星点点地露出一些闪光点，类似“和纸”的质感（图6–9）。由伊东丰雄设计的御木本珠宝店，由氟树脂材料喷涂的建筑外墙除了可以呈现纯净而高雅的白色外，还随着阳光照射的角度不同而呈现淡粉色，隐喻着珠宝的质感（图6–10）。在西格德·莱韦伦茨手中，通过强调砖的尺寸、颜色和肌理来表达对砖自然属性的尊重，由他设计的斯德哥尔摩远郊的圣马克教堂，灰泥砂浆不再是黏结砖和砖的普通灰浆，而是勾勒出一个矩阵。置于其中的砖块如同悬浮在空中一般，这是刻意造成的肌理效

---

① WESTON R. Materials, form and architecture [M]. New Haven, CT: Yale University Press, 2003: 77.

② 顾大庆. 设计与视知觉 [M]. 北京：中国建筑工业出版社，2002：252.

③ WESTON R. Materials, form and architecture [M]. New Haven, CT: Yale University Press, 2003: 42.

图6-8　柯里亚利用不同石材的色彩、肌理和质感进行拼贴来模仿“外太空”形象

资料来源：建筑世界株式会社. 杨经文PA-世界顶级设计大师-查尔斯·科利［M］. 南海出版社，2003：67.

图6-9　久慈文化会馆的混凝土外墙掺入的金属装饰似“和纸”

资料来源：王静. 日本现代空间与材料表现［M］. 东南大学出版社，2005：141.

图6-10　珠宝店表皮隐喻珠宝质感

资料来源：http://www.quiva.net.

图6-11　莱韦伦茨在圣马克教堂表现的“砖矩阵”

资料来源：WESTON R. Materials, form and architecture［M］. New Haven, CT: Yale University Press, 2003: 94.

果。莱韦伦茨拒绝砍削每一块砖，并清晰地表现出墙体的交接关系，以表达材料的物质性（图6–11）。

2）材料自然属性的真实呈现：所有的建筑作品都涉及解决构思与材料之间的协调问题，森佩尔曾指出：“任何艺术作品都应该以材质作为它的自然本质，并使观者对其一目了然……这样，我们便能够谈及木建筑风格、砖建筑风格和石建筑风格等。”[①]虽然材料的自然属性没有明确的定义，但如果一个设计构思被强加给一种不适

① WESTON R. Materials, form and architecture［M］. New Haven, CT: Yale University Press, 2003: 36.

图6-12　巴洛克扭曲的石表现
资料来源：（英）派屈克·纳特金斯. 建筑的故事［M］. 上海：上海科学技术出版社，2001：78.

图6-13　文艺复兴三段式建筑底层夸张表现石材的“自然性”
资料来源：WESTON R. Materials, form and architecture［M］. New Haven, CT: Yale University Press, 2003: 76.

宜的材料时，就违反了材料的自然属性。当面对波洛米尼所做的圣卡洛教堂的外墙面时，我们以往对石材一块块叠落而成的规则墙体的概念完全被这种三维空间的雕塑形体所驱散，坚硬难加工的石材竟然像泥巴一样呈现如此扭曲起伏的造型，设想如果运用小块的陶砖或混凝土浇筑将易如反掌（图6-12）。如此看来，模仿的意图终究要复归于材料自身的特性上。

尽管对尊重材料“属性”的观点有着迫切的呼声，但几乎所有的材料在投入使用时，都不再是最初的自然形态，建筑材料的“特性”与加工制作的工艺密不可分，有时，材料在最终的作品中呈现出的特性正是该材料最初所不具备的，新艺术运动中那蜿蜒曲折的装饰或许是铸铁柔韧性的最佳体现。那么材料的自然属性究竟指的是什么，是强调材料的物理特性，还是突出它的原始形态？是让人感觉未加工的样子，还是表现其表面的肌理质感？对于它的认识，历史上有不同的解读，像文艺复兴时期的三段式建筑，最下面一段经常采用粗面石墙，夸张地表现了石材的自然裂缝，看上去坚不可摧（图6-13）。工艺美术运动以真实地表现木材的天然纹理、细密或疏松的质地、加工的方法与交接的方式，陶土烧制过程中对色彩的控制，质地的粗糙细腻，玻璃热熔时流动的状态和染色的变化，金属的天然色泽等都在材料制品中体现出来。路斯坚持每一种材料都有其自己的造型语言，与同时代的人们用一种材料模仿另一种材料相反，他认为廉价的材料就要坦诚地表现其廉价的特质，对他来说，材料的自然本质及其意义，与它存在的特殊场所、建筑是不能分开的。而阿尔托则认为材料自然属性的表现与人的感受密切相关，应该考虑材料表现的品质应如何回应人的行

图6-14 阿尔托以藤条包裹钢柱是模仿了日本以缠绕竹篾保护树皮的方式
资料来源：WESTON R. Materials, form and architecture [M]. New Haven, CT: Yale University Press, 2003: 134.

为。在玛利亚别墅中，他受到了日本伊势神宫入口处的柳杉根部缠绕竹篾以保护树皮方式的提示，便以藤条包裹钢柱来软化工业产品冰冷的触感，给人温暖亲近的感觉（图6-14）。因此，材料的自然属性要被人感知才具有真实的意义。

亚历山大指出："要使一个东西具有自然的特征……排除自我想象的干预，需要认识到它的一切都是短暂的，都在流逝。"①这种思想告诉我们，岁月的痕迹不应该被虚伪的复原、修饰抹杀掉，而是作为记载建筑一生的载体被保存下来。没有生死轮回的意识，自然的特征就表现不出来，于是，材料的自然属性又被附加了"时间性、感触性"的意义。如铜板经过岁月的洗礼所具有的铜锈效果就蕴含了这种时间的意义，而获得具有特色的铜锈效果，大概需要70年时间（图6-15）。铜锈可通过化学方法和表面涂层加速生成，但从材料与时间的关系上确是对自然的亵渎。砖、石及混凝土由于侵蚀而发生变化的速度通常比金属慢，但同样受环境的危害，由于大气中的沉积物积聚在石材表面使其无法受到雨水的洗刷，这一过程可产生极其不可思议的效果，如马塞尔・布劳耶设计的鹿特丹百货公司，外墙的石材贴面已经完全变成了出人意料的风蚀图案（图6-16）。卒姆托说："材料、结构、构造、承重与负载……光线、空气、气味、容受性和共鸣性等要素的处理依靠的是尊重和喜爱"，由他设计的桑贝纳得礼拜堂，建筑外表覆以小块的落叶松板，最终层次丰富的色彩又被日照和风化的效应进一步加强，气候侵蚀的效果有意识地被设计成建筑的一部分（图6-17）。盖里的洛杉矶宅邸的构造被一层层剥去，暴露出它的建造过程，这种平凡的木结构是以日本茶室为设计原形，刻意地将过程印拓在形式中，将岁月铭记在材料中，以瞬间塑造永恒，建筑也正是在与时间和自然环境的对峙中得以存在（图6-18）。

---

①（美）C・亚历山大. 建筑的永恒之道 [M]. 赵冰，译. 北京：知识产权出版社，2002：120.

图6-15　设计者运用锈铜板来传达建筑所蕴含的“时间”概念
资料来源：（英）派屈克·纳特金斯. 建筑的故事 [M]. 2001：78.

图6-16　石材的风蚀效果
资料来源：WESTON R. Materials, form and architecture [M]. New Haven, CT: Yale University Press, 2003: 123.

当代瑞士建筑师通过对材料的关注以替代建筑的社会、文化和历史的意义，力图将材料的实践与回归建筑艺术本原的思考联系起来，强调材料直接的视觉与触觉体验，就如赫尔佐格与德梅隆所言：表现一种材料的特性可以将它推向“一种极端，以此来展示它抛开了所有其他的功用后留下的‘存在’”。[①]正如老子所言的“少则得，多则惑”，当意识接近材料的本质时，其自然属性也就展现出来了。

---

① WESTON R. Materials, form and architecture [M]. New Haven, CT: Yale University Press, 2003: 197.

图6-17 卒姆托将气候侵蚀作为设计元素以材料表现出来

图6-18 盖里以瞬间塑造永恒的概念与日本茶室如出一辙

资料来源：WESTON R. Materials, form and architecture [M]. New Haven, CT: Yale University Press, 2003: 204, 127, 128.

6.1.2　材料建构的逻辑演绎

“建构”是建筑观的体现，学术界并没有对它形成统一的定义。美国哈佛大学教授赛可勒认为“当结构概念通过建造得以实现时，视觉形式将通过一些表现性的特质影响结构，这些表现性特质与建筑中的力的传递和构件的相应布置无关……这些力的形式关系的表现性特质，应该用建构一词”。[①]美国哥伦比亚大学教授肯尼斯·弗兰普顿将建构解释为“诗意的建造”，并强调建构的物质性，认为它与建造过程中结构处理、材料组织和构造手法密不可分，具有很强的表现性。[②]材料建构的逻辑并不是简单地把自然的秩序引入建筑之中，它通过真实地回应材料的内在本质，将物质的形式转化为建筑材料的形式，是建筑材料对结构和构造的真实表现，设计立足于力学，是以理性的、富于逻辑的形象来显示出合理性，也就是将自然的秩序转化为人为秩序，并在材料对建筑的塑造中注入文化。

6.1.2.1　材料与结构结合的逻辑演绎

建筑结构是构成建筑物并为使用功能提供空间环境的支承体，承担着建筑物的重力、撞击、振动等作用下所产生的各种荷载，影响建筑构造和建筑整体造型。材料是结构的物质基础，结构的创新依赖于新材料的运用或材料性能的展现，而新的结构形式又使得材料的力学特性得以发挥，结构的表现在遵循了材料的本质属性时其逻辑性也就显现出来。古埃及遵守了石砌的逻辑、古希腊遵循了梁柱的逻辑、古罗马遵循了圆拱的逻辑、哥特教堂遵循了尖拱的逻辑、中国的木构建筑遵守了榫卯的逻辑，这种永恒的原理就是材料建构的逻辑，它是材料自我解释的方式，是技术问题。我们认识材料的目的是使用它，建筑师的任务是合理地组织他手边可用的材料，小心谨慎地节约材料的“能”，而组织“能”的目的在于合理地利用材料所做的“功”，经济地使用这种材料以排除掩盖它潜能的机会。[③]

包豪斯的学生克利兹·库尔在谈到他的学校经历时说“我意识到了地球的重力……木头、铁、锡、铜、玻璃和纸，毫无意义的材料游戏已不再没有意义了。”[④]重力可以成就砌筑结构的坚实、悬索结构的轻盈、梁柱体系的沉静。建于798年的日本京都清水寺为梁柱结构，由139根高数十米的大圆木支撑，建筑结构巧妙，不用一根钉子，

---

① KEPES G. Structure In Art and In Science [M]. New York: George Braziller, 1965: 68.

② 王群. 建构文化研究（一）[J]. A+D, 2001（01）: 29.

③ DCC vs ROGERS Interview with Richard Rogers Partnership [J]. World Architecture Review, 1997（0506）: 14.

④（英）弗兰克·惠特福德. 包豪斯 [M]. 林鹤，译. 北京：生活·读书·新知　三联书店，2001：149.

图6-19 日本京都清水寺的木结构不用一根钉子，完全依靠重力作用
资料来源：http://pic.nipic.com/2008-0531.

图6-20 希腊神庙的干砌石结构体现了对“重力”的尊重
资料来源：WESTON R. Materials, form and architecture [M]. New Haven, CT: Yale University Press, 2003: 42.

完全依靠重力来实现（图6-19）。古埃及人能在庞大的金字塔表面严丝合缝地砌筑石块，除了具有十分高超的测量技术与砌筑工艺外，最值得称道的是这种砌筑方式很好地利用了重力原理。在希腊神庙中，砌筑石块不用灰浆，每层石头中间做成微凹形状，每块石头就位时加点细砂就可以紧密结合，其原理也是遵从了重力原理（图6-20）。随着技术的发展和对材料性能的深入理解，建筑的结构逐渐展示出轻盈的形式，如哥特式建筑就是逻辑性结构的典范，凡是希腊神庙中对重力作用有所回应的地方，哥特建筑定会在此全力地升腾高涨；凡是希腊神庙中力图赋予造型最大程度的清晰度时，哥特建筑定会将其打散，弱化成纤细如丝的束柱将石材与彩色玻璃融合成近乎无差别的整体（图6-21），但无论怎样，这些结构形式都是在“重

图6-21 哥特式体现对重力的挑战
资料来源：WESTON R. Materials, form and architecture [M]. New Haven, CT: Yale University Press, 2003: 45.

图6-22　1998年世博会葡萄牙馆如纸片的混凝土屋顶对“重力原则”的挑战早在现代主义时期由柯布西耶设计的佩萨克工人住宅中就有体现，技术的发展预示材料的“非物质”表达
资料来源：http://www.news365.com.cn/sbh/shyaz/200703/t20070312_1325291.htm

力”的提示下进行的“力”的传承。

实体和杆系结构在人类修建最初蔽所的时候就已经确定下来了，这是在原始技术条件下基于对自然的模仿和在重力的启示下形成的，它们所体现的形式是与现代建筑工业相反的风格，这种传统的二元性解释了为什么新材料很难有真正的变化，而总是处于材料的改进和复合形式中。如钢筋混凝土起初是将木结构的梁柱结构原理转化为本身的混凝土框架结构，在实体结构和杆系结构过渡的过程中，钢是作为一种混合形式被引进的，而钢结构也是从石结构演化而来，这从19世纪晚期的钢铁与传统结构形式混合的建筑中就能看出。虽然如此，由于材料性质的不同和技术的发展，各种建筑结构仍不断呈现新的内容，这些内容具有复杂的逻辑性，一面是材料对重力的尊重，一面是借助于当代技术进行的对重力的挑战。柯布希耶在其佩萨克工人住宅中发挥了混凝土更大的潜力，他采用住宅顶部开洞的手法，大大减弱了从前建筑实体划分的物质感，混凝土薄得像纸板，不受重力作用似的支撑于建筑两端。不知是否受到了柯布希耶的启发，1998年世博会的葡萄牙馆那个只有20cm厚的大跨度曲面混凝土屋顶既是材料结构对重力的挑战又在形式上表现出受到了地球引力而弯曲（图6–22）。这些内容告诉我们：“仅仅创造新的形式并不那么困难，困难的是从根本上与材料的性质相结合，即创作出与物质的生命相结合的造型。”[①]

① （俄）M · Я金兹堡. 风格与时代［M］. 陈志华，译. 西安：陕西师范大学出版社，2004：36.

6.1.2.2 材料与构造结合的逻辑演绎

建筑构造研究建筑物的构成、各组成部分的组合原理和构造方法，是建筑创作的依据。构造的设计涉及了结构选型、材料与技术的选用、艺术处理等问题，两种以上材料之间及材料本身之间的任一成功的结合，其背后都必然存在某种深刻的构造逻辑，而材料在经历了构造的过程与细部的表达之后才展现出。

图6-23 材料细部构造逻辑

资料来源：迈克尔·魏尼·艾利斯．感官性极少主义：尤哈尼·帕拉斯马建筑师［M］．焦怡雪，译．北京：中国建筑工业出版社，2002：18.

其功能性与美学意义。R.罗杰斯指出：“我相信比例、纹理以及美学的许多其他方面都来自细部特征……如果你掌握了组成部分之间的关系，你就能够通过细部的处理使它产生你所希望的效果”①。材料的构造交接处是建筑表现的最小单元，交接的细部是建筑清晰表达的开始，材料的本质通过构造的清晰度得以表现，就像这个抽象的建筑雕塑一样，黑色、灰色和棕色的花岗石、白色的大理石通过细薄的黄铜连接件在重力的作用下结合为一体，这种构造方式通过清晰地展现石材之间的关系而富有逻辑（图6–23）。

任何建筑材料和它的构造形式都自明地表达其独特的逻辑概念，这种概念不是抽象的，建筑构造和其他构造的类比主要与材料有关，一定的材料拥有一定的构造方式，构造方式与材料性能相对应时才体现出逻辑性。这种逻辑性又蕴含在材料的细部构造中，它是一个需要提炼的片断，具有翻译功能，反映的是与工艺和构造之间的关系，是建筑师的原创根源在材料上的表达形式。20世纪20年代唯一一位用砖表现现代建筑的建筑师就是密斯，对砖石构造原理和组合方式的理解是进行砖构造设计和排列布置的基础。为了在转角、末端及交叉处做到适当的连接和互锁，就要对各个砌合进行一些特殊安排。他曾说：“砖的砌筑方式是多么富有逻辑，而且材料施加的规则也相当严格”，这种探索体现在1923年密斯的乡村砖屋方案中（图6–24）。路易斯·I·康的与众不同之处在于他从不试图将材料的本质限定得太清晰，而更多的是体现材料的建造方式，基于对混凝土特性的理解与运用，他在混凝土块交接处精心地设计节点，强调墙体的厚实感（图6–25）。

材料细部显示出了美学判断和实际判断之间的联系，最能表明材料构造的逻辑

---

①（日）斋藤公男．空间结构的发展与展望［M］．季小莲，等译．北京：中国建筑工业出版社，2006：109.

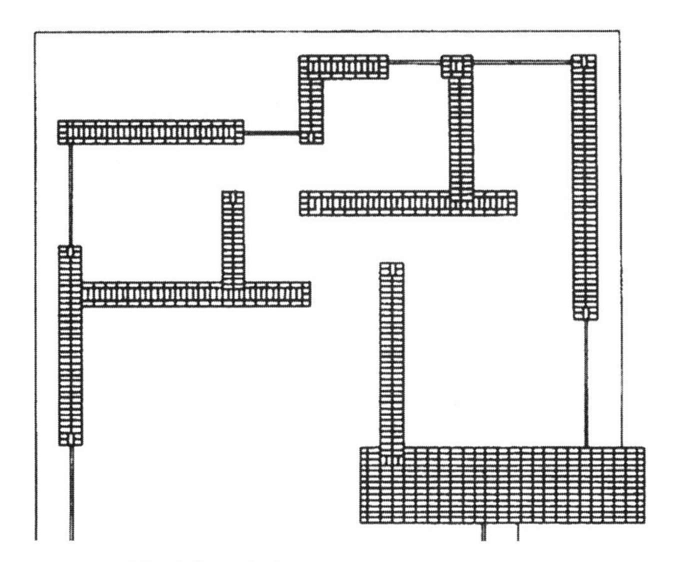

图6-24　密斯对砖砌的探索
资料来源：DEPLAZES A. Constructing Architecture: Materials Processes Structures A Handbook［M］. Zurich：Birkhauser, 2005: 30.

图6-25　康表现的体现建造方式的混凝土节点
资料来源：WESTON R. Materials, form and architecture［M］. New Haven, CT: Yale University Press, 2003: 88.

图6-26　密斯对材料细部的清晰处理和对其关系的直接呈现
资料来源：WESTON R. Materials, form and architecture［M］. New Haven, CT: Yale University Press, 2003: 146.

性。在密斯的西柏林新国家美术馆中，柱子和屋面的接头处按照力学的要求精简成一个小圆球，就如密斯的至理名言道出的“上帝就在细部中”（图6-26）。材料的构造细部设计往往被看作是对建筑设计整体构思的强化和反映，在步入工业化生产的时代后，人们对它提出了实用性的要求，传统意义上的“建造”现在更趋向于“组装”建筑。虽然一切变化了，但材料与构件之间节点的细部设计的基本问题却没有改变，材料的形状、尺寸、强度等仍然要受环境的影响，节点不仅要解决热胀冷缩或其他变形问题，还要考虑材料和构造在加工过程中产生的误差。现代主义简洁的设计风格对这种误差是不能忍受的，因为建筑上没有可以用来掩盖误差的线脚。悉尼歌剧院需要呈现出精美的球形表面，是要求预制混凝土的瓦片背后隐藏的固定构造要绝对的精准，瓦片在每个拐角处都必须紧紧压覆在薄垫片上（图6-27）。材料的构造细部总是包含着形式和技术两方面，而最终的设计结果就是在“强调”和“掩盖”的天平上找到一个平衡点。就如同古典风格中的线脚和其他细部要素都是从建筑的实际需要经过美化之后发展而来的。如今，由于建筑设计中大面积玻璃的使用，使得材料在构筑建筑的同时更成为展示体，暴露的杆件以及它们的连接节点都被纳入到建筑设计的范畴，为的是表现节点处清晰而富有逻辑的运动图式（图6-28）。可以认为，技术和装饰在实现了它们的使命之后，构造形式就升华为艺术。

图6-27　悉尼歌剧院瓦片细部
资料来源：WESTON R. Materials, form and architecture [M]. New Haven, CT: Yale University Press, 2003: 137.

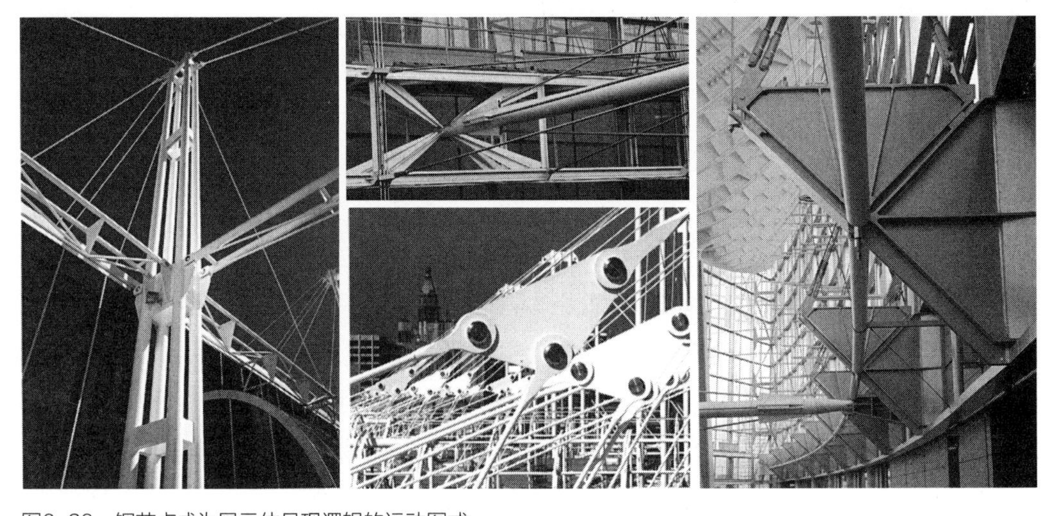

图6-28　钢节点成为展示体呈现逻辑的运动图式
资料来源：Cox Architects–Selected and Current Works, The Images Publishing Group Pty Ltd 1994.

赫尔佐格认为，工艺过程要遵照一种程序，即按照一种符合逻辑并根据时间控制的次序把各单独的组件组合在一起，构造，把部件组合在一起的这一过程的技术结果，从功能上说应该放在最后考虑。[①]就是说，如果在创作中先考虑构造方式，反而会限制对材料本质的思考和技术选择，构造内容的创新和逻辑表达是材料表现的创新结果，并不是目的。

6.2　以阐释空间为主的创新：模仿的交互

空间，辞海中解释为“物质存在的一种形式，是物质存在的广延性和伸张性的表现……”。按照哲学的观点来解释，空间是与实体相对的概念，实体以外的部分是空间；从人的感觉意义上讲，空间是由一个物体同感觉它的人之间产生的相互关系所形成；从人的视觉感受讲，空间又是实体之间的相互关联而产生的一种限定的“场”。

格罗比乌斯指出，建筑，意味着把握空间。建筑是一种创造，目标就是巧妙地运用材料、人及能源来进行空间设计。在现代主义建筑以前，材料的表现成就的是一种空间造型艺术；在现代建筑中材料支持的是一种以空间为主导的空间艺术；而在当代，建筑师的理论和实践开始指向材料的回归，同时提过多种远离抽象达到具体表现的可能方式。对建筑创作中材料与空间的阐释，恰恰平衡空间的抽象性与材料的具体性。在以阐释空间为主的创作中，模仿的目的，不论是出自对空间的创造，还是对材料表现的创新，都体现空间与材料的交流与互动，材料在“隐匿”与“展现”之间塑造着空间的形态与意义。

6.2.1　“隐匿”材料以衬托空间

材料的选择与运用会对建筑空间的知觉属性产生重要的影响，这首先是多种材料还是单一材料的问题，其次是何种单一材料，是实体性的物质化材料还是涂料类的非物质化材料，前者决定了建筑空间在何种程度上为材料所划分，后者则决定了它本身的抽象程度。这种方法的意义在于通过弱化材料的表现，使它们变得相似起来，以集中阐释空间的内容。“隐匿”即是表面覆层材料对于结构材料的隐匿，也是非物质化

---

① (德) 英格伯格·弗拉格. 托马斯·赫尔佐格—建筑+技术 [M]. 李保峰，译. 北京：中国建筑工业出版社，2003：39.

的材料表现相对于物质性的材料表现显示出的隐匿特质，又可能是相对于多种材料拼贴组合的匀质与单一。隐匿显示了空间形式或空间的抽象概念，使其脱离材料的“干预”而自主性的呈现。艺术与技术的发展为丰富建筑空间提供了许多模仿的范式，而设计者运用各种技法来“压抑”材料表现的过程也体现着模仿，同时基于对材料特性的了解之上，这种模仿内容的交互共同作用于空间理念的表达和空间形态的展现，其结果在客观上拓展了材料表现的内容。

6.2.1.1　空间概念的表达与材料表现

对三维空间的表现贯穿在文艺复兴以来的历史当中，1435年，阿尔伯蒂引述了关于透视学的理论，此后，透视学大量应用于绘画和建筑表现，在15世纪下半叶的建筑中，在大幅的壁画上绘制透视图以加强空间的效果，可以说，“虚拟现实”的透视学发展了空间概念，从死板的空间演变为有层次的空间，光线、时间都参与空间的表现，而材料的装饰性更突出了空间的层次（图6–29）。技术和艺术的发展以及学科之间的交流互动，引发了人们对“虚拟空间”中材料和空间关系更深入的思考，一方面，在突出空间的同时，材料的表现被减弱，对其物质性的探求逐渐倾向于结构的表达；另一方面，材料除了具有建构、维护和装饰的作用外，其本身也产生了空间的意义。

“现代主义建筑理论的核心是时间、空间连续统一体的表现，建筑曾被视为是对世界观的表现，以及对物质和体验的现实空间、时间结构的表达”。[①]探索现代主义建筑的先驱路斯、格罗皮乌斯、柯布西耶、密斯等都在自己的作品中以材料表面之感、色彩运用和“面”的明确表达与精确的几何形体取代装饰，这是对结构和体量实在性与明确性深层次的美学追求，是一种基于体块组合、空间渗透的动态艺术。在追寻表达明确工业制品的过程中，现代主义建筑更关注于那些表现出平面化、非物质性、抽象性和永恒性的材料。现代建筑的教义总是说要忠实于材料，忠实于建造，然而，切开萨伏伊别墅的外墙，我们却看到在那光滑洁白的表面之下，隐藏着的是混凝土的框架，以及用黏土砖砌筑成的墙体。事实上，它不仅隐藏了真正的材料以及它的建造方式，而且，用来隐藏实际构筑材料的恰恰是一种去除肌理和色彩白色粉刷，一种被称为非物质化的材料，“洁白”，柯布西耶的解答是为“真实的视觉”[②]服务，简洁朴素的表面是展示“数学抒情诗”最有效的方式，这种白色涂料的选择其实是为使

---

① 迈克尔·魏尼·艾利斯．感官性极少主义：尤哈尼·帕拉斯马建筑师［M］．焦怡雪，译．北京：中国建筑工业出版社，2002：166.

② MOSTAFAVI M, LEATHERBARROW D. On Weathering［M］. Cambridge, Mass: The MIT Press, 1993: 76.

图6-29 巴洛克风格的圣辛多内教堂穹顶运用了几何法和透视学

资料来源：（挪威）克里斯蒂安·诺伯特-舒尔茨，巴洛克建筑［M］. 刘念雄，译. 2000：98.

图6-30 “洁白”强化空间概念

资料来源：WESTON R. Materials, form and architecture［M］. New Haven, CT: Yale University Press, 2003: 72.

建筑呈现出一种匀质的机械加工效果，消除一些不确定性，将人的注意力集中在特定的物体上（图6-30）。由于空间被给予了优先权，这些表面便保持缄默，弱化了材料本身的物质实在感。

当代建筑师作品中的几何造型、组合体块以及对光的空间表达是他们在实践中共同的语言。非物质化不是说作为一种建筑材料其自身不具备任何物质属性，而是说由于表面肌理和显性特征的缺失使其趋于自身的消隐。安藤的混凝土特别处在于他在混合物中掺入了一种稍带蓝色的砂子，以模仿日本传统建筑中的木头和窗纸表面的细腻感，因此混凝土产生了“无重量感”，墙体近乎“抽象、消亡”，只有它们围合的空间给人以真实存在的感觉（图6-31）。透明玻璃因其视觉上的不可见，在消隐自身的同时也恰恰获得了自身特质的显现。它以视觉上的透明来展现隐匿的特性，重塑了建筑的内外空间关系，决定了建筑的实体结构在视觉上的可读性，并对建筑的空间内容做出最本质的阐释。伊东丰雄对建筑空间的看法就如同信息社会中的信息一样，以轻、透的建筑反映这个快速发展和更迭的社会。在2002年英国的博览会上，他设计的展厅像一个镂空的方盒子游离于“有”与“无”之间，传统的门、窗、屋顶、立面等概念完全被解构，高分子材料的金属板与预制的不规则形状的玻璃构建了这个镂空空间，室内在阳光的照射下形成很多不同阴影形状，形成了自然的分隔区域（图6-32）。

图6-31 安藤使混凝土“消隐”以表现空间真实存在
资料来源：WESTON R. Materials, form and architecture [M]. New Haven, CT: Yale University Press, 2003: 146.

图6-32 游离于“有”“无”之间的空间
资料来源：http://www.serpentinegallery.org/2006/11/...

弱化材料的形式拥有了一种美学容忍性，一种改变了余裕，更加强化了空间理念的意象，这种理念将空间本身的创造作为决定性因素，因此材料呈现的是它的功效性和概念性，突出了材料表现内容的一个侧面。

6.2.1.2 突出“空间形态”的表达

阿瑟·叔本华认为建筑的美感来自材料的被感知，“如果我们明明被告知眼前这栋赏心悦目的建筑完全是由重量硬度都极为不同的材料建造而成的，但是眼睛却无法分辨，那么这栋建筑将不能使人享受，如同用晦涩的语言所作的文章一般”。[①]然而，赫尔曼·费恩斯特林却说：克制和理性精神只会让建筑师充当“物质的奴隶”，要让他们能够“为生活增添充满感情的形式，感受到心灵的力量……这样物质才能够受心灵支配”。[②]前面讲到，为突出空间效果就要对材料进行消隐，隐匿的手法是使材料表现出“非物质化”或是不考虑材料的“真实性”，只要它的性能和组织能达到表现空间形态的要求即可，许多建筑师拒绝第二种理念，认为这是一种“欺骗”行为。但是，如果抹灰是一种伪装，以一种材料去模仿另一种材料也是伪装，那当今机械化生产的面砖被作为展现材料的“真实性”就是合理解释吗?“诚实”与材料相比，似乎只是人们的一种怀旧之心。其实，材料以何种方式来塑造空间都是一种创作手法，都必须建立在对材料的认知上。

在洛可可教堂中，每一处细部和节点都力图消除稳定平衡的形象，四周的墙壁布满雕饰，力图掩饰光线的来源，古典建筑的符号被赋予不同的材质，木材、木板条和灰泥搭建而成的顶棚产生如帐篷般轻盈精巧的效果，这正是创作者抓住了人们脑海中根深蒂固的材料形象才大作的文章。这些令人迷惑的手法在技术方面并不在意以自身

---

① SCHOPENHAUER A. The World as Will and Representation, New York: Dover, 1969 Vol. I：215.

② WESTON R. Materials, form and architecture [M]. New Haven, CT: Yale University Press, 2003: 50.

图6-33　洛可可教堂为呈现空间效果其材料运用是模糊的

资料来源：WESTON R. Materials, form and architecture[M]. New Haven, CT: Yale University Press, 2003: 49.

图6-34　伊利教堂看似“石质”的穹顶是以木结构为基础的

资料来源：（英）大卫·沃特金. 西方建筑史［M］. 傅景川，译. 长春：吉林人民出版社，2004：151.

的结构为基础，只为模仿某种效果，构件的特性是模糊的，看不清石构造在哪里结束，轻质石膏构件从哪里开始（图6–33）。英国盛产木材，在13、14世纪时创造了一系列模仿石头的木制穹顶，木匠威廉·赫尔利设计的伊利大教堂的八边形穹顶将天窗屋顶置于木制斗栱的悬挂框架上，无论框架还是木柱，都被特意隐藏在观众的视线之外，隔板和木肋拱也都被独创性的隐藏在半拱下面，以便能造成石制穹顶的假象（图6–34）。每一种图式都要求给视觉把握产生一些障碍，这些材料与形式既统一又互相分离，因为它们要实现的是所塑造的空间形态给予人们感官上的满足。

现代主义建筑早期，荷兰风格派的核心思想就是通过几何色块的规则组合来表达出隐藏在自然界中的秩序。他们认为建筑应该由置于内核之外的离心空间单元组成，呈现出一种浮动的状态。里特维德的施罗德住宅就诠释了这一思想，在构造上是木材、钢材、石材以及钢筋混凝土等多种材料的杂合体，但在视觉上，它却完全由一些丝毫辨别不清结构功能的纯几何色块组成。材料的穿插组合看似不是为了结构的目的，空间的深度感消失了，取而代之的是平面上的张力作用。这些以否定物质、消解形式的创作尽管十分具有吸引力，但材料的本质特性仍受到关注，因为材料的加工工

图6-35 当代建筑表皮的媒体形象是运用物质材料与先进技术的“非物质”表达
资料来源：荷兰影音研究所（2006）. 荷兰［J］. 世界建筑. 2008（4）: 76.

艺是实现艺术思想的工具，虽然，材料都被包裹在色彩之下，但建筑师对材料的选择是经过深思熟虑的，材料的硬度、质感、重量对所要表达的空间理念起到很大作用。

有人认为应该将建筑当作瞬息万变、短暂易逝的媒体进行着朝生暮死的游戏，但媒体的形象世界仍能看出“物质”和“实体”，建筑终究是一种基于场所、结构和材料的物质实践（图6-35）。拉斐尔·莫尼奥认为，对材料的抽象化运用取决于我们对保持其自身特色所作的努力，而不是使它们在建筑构件的真实体量中消解。

6.2.2 “展现”材料与空间共塑

在当今建筑实践中，寻求材料“真实性”表达的做法屡见不鲜，这种做法使建筑空间退居到一个次要的地位，俗话说，物壮而老，对于材料和建造方式的表现导致一种技术化的偏执。布鲁诺·塞维曾经写道：“建筑的本质……不因空间自由布置而受到材料的局限，却是通过这种限制的过程而被组织成为这种有意义的形式……这种限制决定了视觉可能的界线，而不是在‘空处’的视觉所起的作用。”[①]这说明，材料与空间二者是相互促进、相互制约、相互生成又彼此独立的关系。建筑通过材料得到一种纪念意义以及空间的力量，空间的特性又取决于建造过程，正因如此，它是由技术条件和所使用的建筑材料等物质的结构组成来完成的，建筑空间应该首先在物理感官上被感知，视觉、触觉、味觉、听觉，经过这些感受能确定和理解空间内容（图6-36）。

① LAUGIER M A. Essaisur I’Architecture［M］. Paris: Duchesne, 1753: 60.

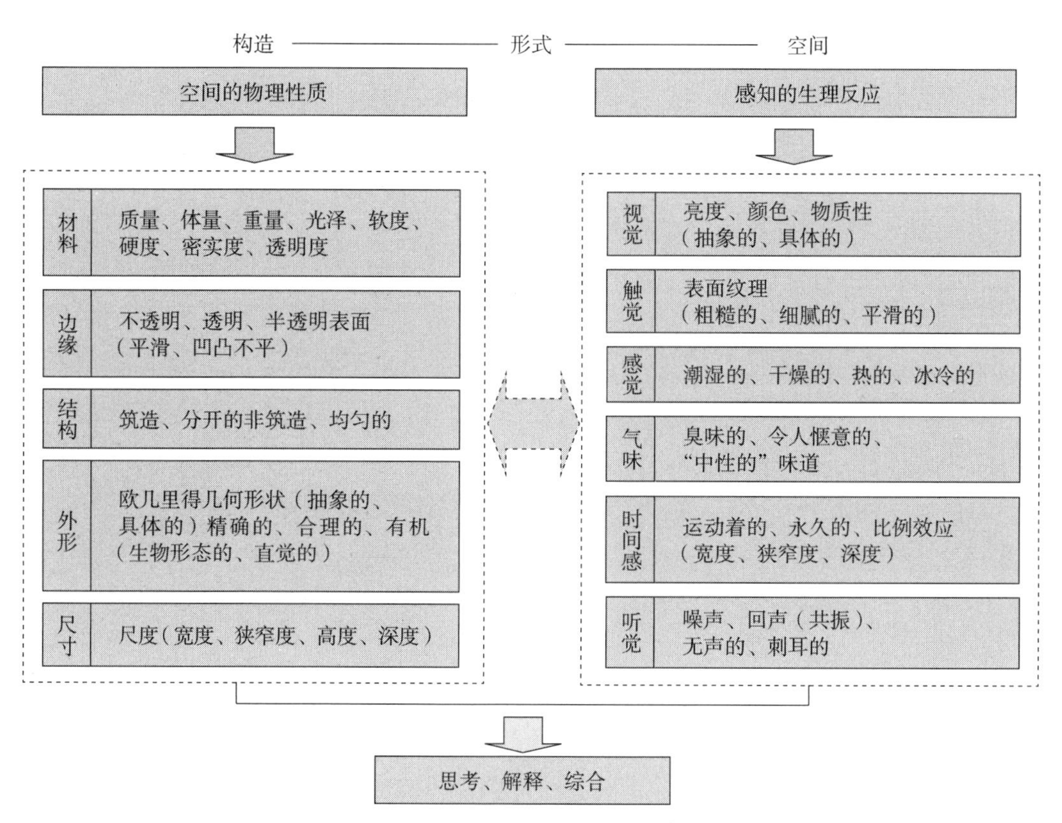

图6-36　材料的选择与表现方式对空间产生的影响

资料来源：参考瑞士建筑师Andrea Deplazes编写的Constructing Architecture: Materials Processes Structures A Handbook（2005）.

建筑技术的发展、各种新材料的运用产生了新的建筑空间。起初金属材料的应用就表现出材料对重力原则的挑战，逐渐地，建筑师开始追求轻量化和通透感的空间，并将“光”作为一种时间材料引入到空间的塑造中，光与实体材料结合突出了空间的存在感，而与透明材料结合则使空间的物质感消失，这些内容与技术发展的总体方向相协调，与追求开放的现代文化相吻合。在材料与空间的共塑中，模仿的目的不是单纯地阐释一方，无论创作灵感源于何种原型，都要落实到协调二者的关系中，将它作为一个有机的整体进行创新。

6.2.2.1　材料与空间形态的共塑

1）“表皮即空间”：材料本身蕴含着空间本质，由材料构建的建筑表皮是形成空间的基本物质条件，担负着过滤和营造舒适环境的功能，表皮材料的设计对空间产生细微而丰富的影响，它作为建筑内外空间转换的介质，也转换着人们的空间体验。从现代主义时期开始，在表皮物质意义和精神意义的交互中，表皮开始具有抽象性，这种抽象性使表皮得以成为当代的建筑学概念。自19世纪晚期以来，空间成为建筑学的

图6-37 在英国杜马斯大楼的设计中，诺曼·福斯特对玻璃幕墙进行纯化以强调空间的内外交流
资料来源：WESTON R. Materials, form and architecture [M]. New Haven, CT: Yale University Press, 2003: 221.

基本问题并与建筑表皮材料相辅相成，其后建筑空间的发展历史几乎就是建筑表皮变换的历史，表皮独立于承重结构的发展历程反映不同时期的技术水平和美学取向。

森佩尔在19世纪中期的时候就提出，墙体色彩是一种无形的外衣，作为材料表面的装饰覆层，其自身却是非物质性的，是“真正意义上的正统的建筑外墙”，是建筑空间真正的缔造材料。①随着透明和轻质材料的大量运用，建筑空间逐渐摆脱了实在感，材料技术的发展使建筑从结构体系到维护体系都不断轻量化，于是，向外部开放的设计思想逐渐成为一种重要的空间设计特征，信息社会将交流的概念从空间交流扩展到信息交流的层面，透明的外墙展示出建筑内在的空间次序和内在信息。弗兰普顿指出人们对空间观念存在忽视，即由建筑表皮的表现所带来的空间感受和空间本体的深度之间的区别，②这种区别从现代主义建筑表皮的转换种被局部瓦解，此后的空间观念也发生转变。表皮材料在具有了透明度之后，从其外观上就展现了弗兰普顿所说的空间本体上的深度，由此，对空间本体深度的表现和表皮所带来的空间感受因为透明度而得到统一（图6-37）。由于现代表皮材料逐渐变轻变薄，建筑的平面性特点就有所加强，就像亨利·列斐布尔所言：“空间被表现在一个简单的平面上……空间以这种被简化的形式出现。体量让位给表皮……当表皮决定着一个空间抽象物并赋予它

① WESTON R. Materials, form and architecture [M]. New Haven, CT: Yale University Press, 2003: 141.

② LUPTON E. Skin: Surface and Design [M]. New York: Princeton Architectural Press, 1st edition, 2002: 86.

图6-38　努韦尔在卢森堡音乐厅的竞赛方案中试图用丝网印刷技术使玻璃建筑呈现出由透明到不透明的变化
资料来源：（英）康威·劳埃德·摩根. 让·努韦尔：建筑的元素［M］. 北京：中国建筑工业出版社，2004：58.

图6-39　范维尔森运用半透明聚碳酸酯板回应环境变化
资料来源：WESTON R. Materials, form and architecture［M］. New Haven, CT: Yale University Press, 2003: 220.

半虚半实的物质存在时，空间和表皮之间的关系变得含混”。①

如果说使用透明玻璃等于表达非物质理念，那半透明玻璃又说明了“物质存在”，它产生的模糊效果使空间具有了“尺度”上的意义。2000年，努韦尔在卢森堡音乐厅的竞赛方案中试图创造一种精确的迷雾，在玻璃上用丝网印刷的方式赋予材料从不透明到透明的不同浓度的变化，这是基于时间度量的材料空间的尝试（图6-38）。科恩·范维尔森在鹿特丹剧院广场的多屏电影院中选择了一种乳白色的聚碳酸酯板作为建筑外饰面，通过精心的设计来使它对天气和光线的变化产生即刻的感应，于是建筑表皮就成了反映时间与气候的空间载体（图6-39）。赫尔佐格与德梅隆认为建筑的表面应当始终与内部发生的事物联系，联系的概念可理解为连接材料与

① DONALD N S. Production of Space［M］. LEFEBVRE H. trans. Oxford: Blackwell Publishers Ltd, 1991: 313.

图6-40　赫尔佐格与德梅隆选择透光材料来追寻室内外空间的若隐若现之感
资料来源：www.architecture.com/.../2003.aspx（Laban Centre）.

建筑结构，同时也能理解为分开它们甚至有意地断绝这两种元素，他们用丝网印刷的玻璃、半透明玻璃和石筐等材料来追寻室内外空间的若隐若现之感，建筑结构则处于一种“消隐”状态，并变为表皮的骨骼脱离了人们的视线（图6-40）。

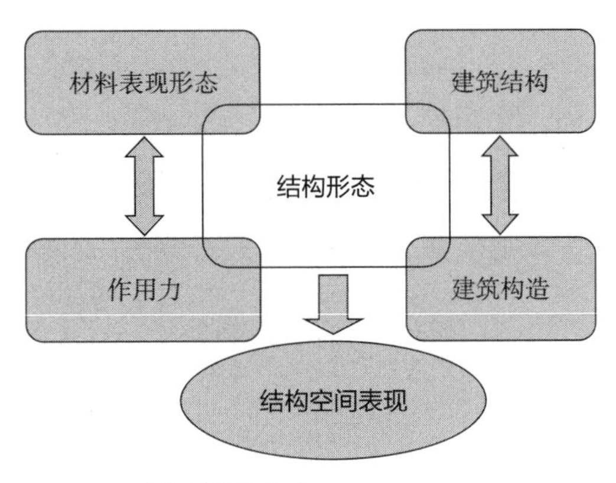

图6-41　空间结构的产生

传统建筑的柱式、窗及其他支撑体在当代建筑表皮上正逐渐消失，信息符号与建筑表皮的一体化和传统的实体信息符号虚拟化成为当前建筑表皮媒体化的两个特征，这必将扩展建筑材料的概念以及表现语言。数字革命与新工具和新技术被用来捕捉演化中的材料特性，如液晶，将之填充于双层玻璃内就能随着季节的变化而改变其颜色、透明度，起到一种电控的遮阳，同时也能不断地传递信息，于是建筑表皮空间拥有了智能化的、灵动的内容，成为信息的载体。

2）“结构即空间”：密斯曾说：“我必须选用一些在我们建成后不会过时的、永恒不变的东西……其答案显然是结构的建筑”，[①]结构蕴含着能量和生命性。在建筑设计中，利用结构构件本身进行的空间表现会令空间具有内在的感染力，此时，材料是以一种真实的存在，显示出结构素材的能量（图6-41）。哥特建筑是无数历史风格中

① JONES C. Architecture Today and Tomorrow [M]. Mc Graw-Hill Professional, 1961: 64.

图6-42　赖特将混凝土的“力”传递利用薄壁的结构形态表现出来
资料来源：WESTON R. Materials, form and architecture［M］. 南京：东南大学出版社，New Haven, CT: Yale University Press, 2003: 86.

图6-43　代代木钢结构的室内空间理性而自然地呈现出“力”的流动
资料来源：王静. 日本现代空间与材料表现［M］. 南京：东南大学出版社，2005：46.

最结构化的，令人信服的是结束“结构”开始“装饰”的那个界线难以捉摸，空间结构、装饰艺术和材料的巨大潜能融合在了一起。

形成建筑空间或展示建筑空间的是结构，而结构体自身也能呈现出一种空间，空间表示形象、造型与感性，而结构则表示科学技术、力度与合理性，这是基于对材料本质的理性思考和运用。赖特将混凝土的力传递利用薄壁的结构形态表现出来，如他为约翰逊制蜡公司设计的树形与碟形结构，以及古根海姆美术馆的螺旋形结构都产生出独创性的空间形态（图6–42）。日本国立代代木体育馆室内以钢结构为造型暴露于室内，自然地表达了建筑结构中力的流动，产生一种理性的建筑形象。起初，混凝土表现出的有机造型为钢结构的演示提供了参考的范例，然而这里，钢索作了主角，混凝土成了配角，展示出钢铁结构造型所带来的新空间表现的可能性（图6–43）。同

图6-44 现代木结构呈现的有机形态：1988年奈良丝绸之路博览会主展馆

资料来源：王静. 日本现代空间与材料表现［M］. 南京：东南大学出版社，2005：122.

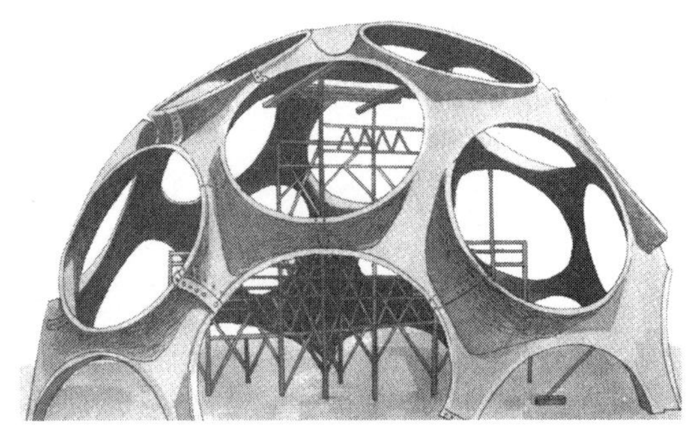

图6-45 蝇眼结构：其圆形是用最少建筑材料建造最大使用空间的理想建筑形式

时，钢筋混凝土结构和钢结构所表现出的有机形式也激发了建筑师对传统材料应用的创造性构想，在1988年建成的奈良丝绸之路博览会主展馆的设计中，建筑师采用了一种木造井字梁自由壳体结构，它使用小断面木材在地面加工成一定尺寸的正方形井字梁构架，然后吊起在空中进行连接固定，利用木材所具有的柔韧性和变形能力，拼装成自由形态的、稳定的空间构架（图6-44）。

由结构表现构成的空间设计能够让人真切地感受到建筑结构形成的力度，而看似偏离结构合理性的构件形式，使这种力度的表达又具有一层紧张的因素。美国建筑工程师富勒在1965年创造了蝇眼拱顶的结构形式，这是用最少的建筑材料建造最大使用空间的理想建筑形式，以此提出了钢铁架构穹隆的轻质建筑理论（图6-45）。富勒的试验带动了许多建筑师对新材料和新结构的创作，在这些强调高技术性和结构性的建筑中，也将钢铁架构直接展示出来，以结构本身交织的形态来彰显建筑空间的轻盈与稳定性。

6.2.2.2 材料表现与空间目的的整合

空间形象塑造的成功与否往往看它的视觉感染力，以及它的包容度，即空间对功能和形态的解释力，而这些内容必须通过材料来实现。设计者经常通过模仿各种艺术形式来进行空间或材料的表现，但在协调阶段，模仿原型的特质会逐渐融于二者的相互塑造中，最终体现空间的完整性和有机性。

人们总是赋予材料以特殊的意义，光线在玻璃中的流动变幻使这种材料成为与之有某种联系的自由精神的隐喻，而铁的强韧和石头的坚硬暗喻着人类性格中的相似品质。设计者运用各种材料所蕴含的意义来塑造空间，或形成空间的流动性、或区分不同的空间性质、抑或是表达某种空间理念。传统日本建筑空间内部以藤编的榻榻米、实木地板、纸糊的推拉幛子来灵活地分隔空间，这种空间处理手法以及房间与庭园建筑艺术间的内外交流方式在20世纪成为欧洲建筑空间创作的灵感来源。这种流动、全面的、均质的空间是现代建筑师延承、探索和实践的内容，他们用钢和玻璃营造这种自由的空间形式，追求材质的自然表现，用一种抽象的手法来寻求空间构图的平衡。在巴塞罗那德国馆中，密斯运用令人迷眩的材料以映像与实体、真实与虚幻诉说着空间，不同色彩、质感的石灰岩、大理石、白色玛瑙石、玻璃、水面和地毯的相互衔接与交错产生了空间的相互穿插、引申和连通，体现了密斯以突出材料本身同空间创造密切相联的创作理念（图6–46）。在1930年路斯设计的米勒住宅中，他使用意大利白绿纹大理石将起居室的楼梯间转变为一个巨大的石块，遍布大理石表面的清晰纹理形成了一种连续、贯穿的图案，从一处蔓延到另一处的材料将分散的空间巧妙地联系起来（图6–47）。这种以材料表现来获得各个空间相互交流的方式也被库哈斯用于阐释建筑空间的功能，他所做的法国里尔会展中心分为剧场、会议厅和展览中心三大功能区，这三段建筑的立面材料各有不同，一段是以一块块宽窄不同的梯形玻璃片段组成的连续的开放性立面，一段是由百叶状的铝板围合而成的半开放的立面，最后一段则

图6–46　密斯选择多种材料来诠释“流动空间”的创作理念，其手法是受到日本传统空间的影响
资料来源：http://upload.wikimedia.org/wikipedia/commons/

图6-47 路斯以绿纹理石来联结各空间

资料来源：WESTON R. Materials, form and architecture [M]. New Haven, CT: Yale University Press, 2003: 143.

图6-48 库哈斯在法国里尔会展中心的设计中以不同种类、质感、肌理的材料来划分三大功能空间

资料来源：汪克，艾林．当代建筑语言[M]．北京：机械工业出版社，2007：273.

图6-49 金属的技术感

资料来源：SHARP D. Twentieth Century Architecture: A Visual History [M]. Images Publishing Dist Ac，2006: 307.

是由仿石砌墙面的粗犷形式构成的封闭式立面，就这样，材料的作用使三段功能体在总体上形成递进关系（图6-48）。由此看来，设计者对于材料性能的挖掘，从多个层次上带来空间的体验，不同建筑材料与空间创作目的的结合在强化空间意义的同时也彰显了材料自身的表现力。

许多建筑流派都以各自独特的材料表现方式来实现空间创作的意图，如解构主义在材料的使用上表现出很大的自由度，他们省去许多复杂的防雨、保温节点，广泛采用不同材料尤其是轻型工业材料，如各种金属板材，廉价的波纹钢板和昂贵的钛合金板等，建筑的外壳除了限定空间以外，更为重要的功能是表现解构的理念。高技派注重在建筑设计中对最新的生产技术和材料技术的应用，并将其作为造型因素进行艺术加工，而金属是表达技术理念的理想材料，因为金属材料不带有太多的文化色彩，可以用来创造传统材料无法实现的空间形象，加工的精确性产生的工业形象以及表面处理的自由度，在体现时代特征的同时，也表现出艺术、文化和空间的不同概念（图6-49）。

因此，材料表现不仅是实现它的物质功能，同时也是支持各种空间艺术创作的物质基础。

6.3　以协调环境为主的创新：模仿的融合

“艺术创作首要目的是满足它自己和产生它的那个环境，创作只要达到了它的目标，它就不可超越。”①通过模仿来达到材料表现上的创新应建立在尊重环境的基础之上，这里的环境指的是建筑所处的自然环境、城市环境和为建筑所影响的生态环境，它们所包含的内容以及对建筑创作、材料表现的要求不同，前两者要求对材料的运用与环境有机结合并提升环境的质量与文化价值，而生态环境指向材料应用的原则与对策。材料表现与环境的融合将单纯的模仿与模仿中的创新明确地区分开来，原封不动地模仿原型必然难与环境构成有机性，这需要解读原型形成的原理，学习它与环境对话的方式，再将其理念融入对材料的具体操作中，促成建筑与周围环境和整个生态环境的协调。材料表现与环境的融合是设计原则，也是设计目标，对人类、对环境有益的设计也必然是对材料的创新。

6.3.1　材料表现与建筑环境的共生

只有建筑与其所处的环境构成的可见的、连贯的、清晰的印象，整体的感觉才油然而生。在赖特的有机建筑理论中，总体和局部是互属的，“材料和目标的本质都像必然的事物一样一清二楚，从这个本质出发，就能得到特定环境中的建筑性格。”②模仿中创新的材料表现要求建筑师在注重建筑与自然环境、城市文脉的关系同时，也要重视个体的表达，采用适宜的材料语言来实现建筑与周围环境的对话，表达出建筑的演化和发展。

6.3.1.1　与环境“相融”式共生

“希腊艺术总是相当冷峻和理性……因为希腊庙宇过分的定式化和抽象了，它在

---

①（俄）M · Я金兹堡. 风格与时代［M］. 陈志华，译. 西安：陕西师范大学出版社，2004.

②（英）大卫 · 沃特金. 西方建筑史［M］. 傅景川，译. 长春：吉林人民出版社，2004：92.

适应各种景观方面，或者在使景观适应它方面，是不成功的。”[①]建筑与环境“相融”式的共生需要材料的表现艺术富有表情，这种表情是对环境的回应，从环境的角度理解具有可读性。也就是说，设计者从环境中模仿和提炼的内容作用于对材料的组织上，是一种经过抽象的具体表达，环境的纪念性、历史性和地域性等内容是编织在材料语言中的。

1）材料表现与自然环境相融。任何将材料从其特殊环境的运用中孤立出来去理解材料属性的想法都是一种误导。传统建筑往往就近取材，建筑模式适应当地气候及地理条件，并综合体现当地文化和审美情趣，它在发展中不断地进行自我完善，经受住了几千年的考验。佛罗伦萨的屋顶颜色是和那里的大地密不可分的，这些颜色是泥土中铁的氧化物造成的，因此本地黏土烧制的屋面瓦和砖料也都带有独特的赤色或橙色，这些颜色不仅融入砖瓦使用的黏土中，也成为绿色植物的最佳衬托（图6-50）。地域材料的运用促成建筑与当地环境的浑然天成给予设计者许多启示，如法国Lanaud的基因排序中心就以当地的冷杉来表现，木质表皮呈现出不同程度的侵蚀图案（图6-51）。“因为木材的老化，它看起来更加融入它的环境，你不能准确地知道它存在于那里多久”[②]，这是各种层次的叠加，相关的文化因素加入一个简单的建筑，使其具有了视觉深度和精度。同自然环境的紧密配合有时需要设计者对环境的考虑和呼应是坦白而自然的，就像美国建筑师安东尼·普雷多克设计的奈尔森美术中心那样，建

图6-50　佛罗伦萨的屋顶颜色和那里大地的色彩密不可分

资料来源：WESTON R. Materials, form and architecture [M]. New Haven, CT: Yale University Press, 2003: 99.

---

①（俄）M·Я金兹堡．风格与时代［M］．陈志华，译．西安：陕西师范大学出版社，2004：32.

②（英）康威·劳埃德·摩根．让·努韦尔：建筑的元素［M］．白颖，译．北京：中国建筑工业出版社，2004：72，100.

图6-51　法国Lanaud基因排序中心冷杉表皮呈现侵蚀图案
资料来源：（英）康威·劳埃德·摩根. 让·努韦尔：建筑的元素［M］. 北京：中国建筑工业出版社，2004：167.

图6-52　奈尔森美术中心的建造灵感来自土著泥浆建筑，而墙体中的钢构件赋予建筑时代感
资料来源：http://design.twmail.org/FORUM/asu/nelson-art-museum.

筑泥浆色的外墙与周围的山体、乱石和仙人掌的环境连成一片，灵感虽然来自土著人的泥浆建筑，但墙体上色彩强烈的钢构件又使人明确这是当代建筑，在建筑融于自然环境的同时，也融入了时代环境（图6-52）。

对自然要素的抽象模仿并通过材料的表现使建筑融于环境，就在于对材料运用方式的选择以及对材料组织形式的创造中，它暗含着设计者对自然环境的理解。在阿尔托的建筑中，以材料编织的层次化构图给人以一种由传统和历史构成的环境的印象，他隐喻地浓缩了城镇和风景的意象，综合进了芬兰的风光和气质，并以现代语言表达出来，创造出根植于场所和时间的建筑。在玛丽娅别墅中，建筑外墙运用了好几种不同的材料：白色粉刷墙、木板条饰面、打磨得很光滑的石饰面与粗犷的毛石墙，柱子的种类有天然的粗树干、有一捆捆用绳子将细树干捆绑起来的束柱、也有钢筋混凝土支柱，显然是一座建在大自然中的建筑（图6-53）。地面是所有建筑物无法逃避的环境因素，建筑物与地面之间交接的处理有多种表现形式，如传统日本的房屋，木立柱的底端经过塑形后，牢牢地插入一个未经加工的石块中，从而使立柱成为建筑与自然协调共生的象征，正是基于这种有机性的考虑，赖特的草原式住宅的墙体总是坐落在石头基座上，他将由此形成的“接地线”看作是建筑与大地接触的象征（图6–54）。从中可以看出，精心设计的细部和所传达的思想是使建筑融于自然环境的有效途径。

过去，由于传统的技术限制，传统建筑的形态和尺度一直和自然形态有某种先天的和谐，因此，传统建材和自然之间也是和谐统一的。现代建材对自然的不断脱离源自其制造技术的发展，从而带来了现代建筑同自然环境的冲突，但人的生活是脱离不了自然的，许多建筑师都在探索现代材料和技术与环境的融合方式。隈研吾设计的“水与玻璃”客舍以当代材料的表达方式对自然元素的“水”进行暗喻（图6–55），其设计灵感来自陶特在1914年德国科隆博览会设计的玻璃展厅，如原来展厅的玻璃圆顶、玻璃墙体和棱柱状的玻璃地板在隈研吾的客舍中以当代的手法被重新诠释，但目的不是对玻璃材料和技术的展现，而是在于突出这种材料与自然元素的对话关系。

图6–53　玛丽娅别墅外墙由多种材料来表现

资料来源：WESTON R. Materials, form and architecture [M]. New Haven, CT: Yale University Press, 2003: 82.

图6–54　建筑与大地接触的“接地线”

资料来源：WESTON R. Materials, form and architecture [M]. New Haven, CT: Yale University Press, 2003: 104.

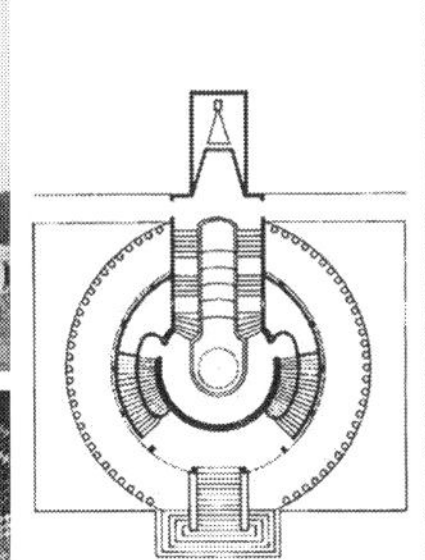

图6-55　隈研吾“水与玻璃”客舍（右图）是对陶特在1914年“玻璃亭”（左图）的再诠释
左图资料来源：TAUT, NIELSEN, D. Bruno Taut's Design Inspiration for the Glashaus [M]. Routledge, 2016: 21.
右图资料来源：https://bbs.zhulong.com/101010_group_201817/detail10036607/

2）材料表现与城市环境相融。如果我们看到某处建筑墙体、屋顶、路面所选择的材料色彩和质感和当地的传统建筑、土地、水、植物和天空的色彩融合得自然有机，便会有种“根深蒂固”的感觉。建筑与城市环境的相融也需要以材料表现来传达城市文脉的内容，即设计者将城市的片断记录在创作中，通过材料组织对都市丰富的生活内容做出回应。工厂、高速路、花园、河道、机场、超市……这些不连贯的碎片形成了一种对“丰富变化”的强烈体验，解构主义认为都市只是散落片段的聚合，如库哈斯在法国里尔设计的贡格亥斯堡，它堪称是透明玻璃、异形金属饰面以及混凝土的设计蒙太奇，丰富的材料肌理好似一张兽皮（图6-56）。解构主义也体现着建筑本身对于变化的包容性，如盖里在加利福尼亚州的印第安纳大街上建造了三人艺术家工作室，他将建筑周围凌乱平庸的环境视为产生设计创意的源泉（图6-57）。为顾及现存的建筑物，每座房屋都覆盖了不同的材料，如天蓝色的粉刷、本色的胶合板以及绿

图6-56　库哈斯设计的贡格亥斯堡（Congrexpo）是多种材料的蒙太奇表演，暗喻都市的片段组合
资料来源：WESTON R. Materials, form and architecture [M]. New Haven, CT: Yale University Press, 2003: 209.

图6-57 盖里设计的三人艺术家工作室从周围凌乱而平庸的环境中提取材料表现元素
资料来源：WESTON R. Materials, form and architecture [M]. New Haven, CT: Yale University Press, 2003: 112.

色的沥青屋面板，这种处理手法类似以塑造抽象雕塑的方式使建筑融入周围的环境中。

建筑开放的空间形象是对该建筑周围环境问题很好的解答，从更深的层次上表现建筑与环境的渗透。同样寻求建筑与城市环境有机结合的方法出现在日本的墨田生涯学习中心的设计中，学习中心周围建筑的尺度完全是历史形成的极小的个体尺度，似乎与现代都市东京的概念无法联系在一起，建筑师长谷川逸子运用铝合金材料来处理二者的关系。一面由银白色的铝合金穿孔板构成的皮肤悬浮在建筑玻璃幕墙的外侧，由直线和曲线交会而成的金属皮肤无论从重量上还是从视觉上都类似一层薄纱，有效地将建筑从外部沉重的环境中隔离出来（图6-58）。由此可见，新材料、新技术所构成的新建筑形式，如果有效地阐释了城市的印迹与脉络就会自然

图6-58 墨田生涯学习中心
资料来源：王静. 日本现代空间与材料表现 [M]. 南京：东南大学出版社，2005：77.

图6-59　库哈斯为伊利诺理工学院设计的教学楼将“轻轨”包容进来，并以金属套筒诠释其科技性，提升了当地的环境品质
资料来源：https://www.surfgroepen.nl/sites/edutrip2007/...

地融合于城市环境中。2003年，在库哈斯为芝加哥伊利诺理工学院设计的综合教学楼中，他延续了老校长密斯的追求技术精美的思想，新建筑位于轻轨之下，被一个筒状的覆盖物包裹，套筒内部采用特殊的吸声和减震材料，外部则镀有一层防锈物质的瓦楞板，其细部形式被夸大，这个带有金属光泽的套筒一方面更加突出了轻轨的科技特性，一方面使建筑获得独特的定位，更重要的是不仅强调了当地环境特殊性，同时也提升了环境的品质（图6-59）。

6.3.1.2　与环境“相对”式共生

为了使观者将注意力集中在建筑与环境的关系中，设计者所选择和表现的材料不因文脉关系的不同而改变。他们使用无明显特征的人工材料如混凝土、塑料、铝、冷轧钢、树脂玻璃等形成一种“客观现实感”，这是自然材料不易达到的，这种“客观现实感”使注意力从原本令人感兴趣的表面和手工艺的韵味上移开，建筑被放置在地面上，对周围环境明示自己的规则，似乎同基地的有机关系不存在了，成为一种建筑与环境的辩证游戏（图6-60）。

安藤忠雄将材料、几何、自然当作构成建筑的必备三要素，在对待几何形体与自然环境关系的态度上，他认为以光洁的混凝土塑造的几何形体，能体现人拥有超越自然的意志和建立和谐的理性力量。他称：“当自然以这种姿态被引用到具有可靠的材料和正宗的几何形建筑中时，建筑本身被自然赋予了抽象的意义”。[①]与环境相对式

① LEVENE R C. 安藤忠雄1983-1989［M］. 龚丰，等译. 台北：圣文书局，1996：5.

图6-60 建筑师运用无明显特征的人工材料表现“客观现实感”
资料来源：http://huang82025.spaces.live.com/blog/cns!3A26A0BE5...

图6-61 赫尔佐格与德梅隆为西班牙设计的（Barcelona，2004）综合展馆以镜面和粗糙混凝土进行对比来暗喻渗满水的海绵，在与周围环境形成对比的同时又是对当地历史和沿海环境的回应
资料来源：http://www.arcspace.com/.../forum/forum.html

的创作目的有时是为了获得醒目的地标性建筑效果，对于材料简洁而夸张的处理手法直接表明建筑作为特定环境载体的特殊性。赫尔佐格与德梅隆在西班牙所做的2004综合展览馆，采用深紫色的粗糙混凝土形成建筑立面，其中不规则的裂缝和光滑的镜面窗与经过拉毛处理的混凝土形成了强烈对比，整个建筑由于深远的出檐形成绵长的飘浮感，使展馆像一块渗满水的海绵，它既和周围环境形成对比，又是对当地老工业区的历史和沿海环境的回应，在这种对比与融合中来提升地区文化气质（图6-61）。一面张扬地域建筑的品质，一面以建筑强烈的存在感重塑环境。

6.3.2　材料表现对生态环境的回应

在建筑多元化发展的今天，尽管不同建筑师所倾向的研究和表现方向不一致，但他们却不约而同或多或少地追求建筑的生态表现，生态的设计思想是一种整体的建筑观，是对环境危机的实际回应。建筑师的责任是应考虑材料的“适当程度”，以及建筑所消耗的能源、环境影响和生态因素。生态设计是和生态模仿相关联的，需要模仿客观的、良好的生态循环系统中相关要素的形成原理，这是通过物质材料来实现的，同样体现在建筑材料的性能发挥、技术选择和形式表达中。而材料表现的生态美学在于以最少的资源获得最大限度的丰富性和多样性，这正是当今材料表现的重要目标。

材料表现对生态环境的回应主要是对生态材料的选择运用和对材料的生态设计上。生态材料是在材料的生产、使用、废弃和再生循环过程中满足最少资源和能源消耗的材料，最小或无污染、最佳使用性能，最高循环再利用率的建筑材料包括，可生长建筑材料、可循环材料及各种具有生态意义的改性材料，有良好的环境协调性。生态设计是一个系统工程的概念，要求具有先进性、环境协调性和舒适性，并不只在于生产或使用过程中的某一个环节，生态美学融入生态材料的运用和新型建筑的创造中。

6.3.2.1　自然材料对生态环境的回应

千百年来，木材、石材、黏土、稻草和芦苇等自然材料一直受到人们的青睐，然而，工业化的进程和技术的发展使建筑师纷纷将目光投向混凝土、钢材、玻璃和合成材料，自然材料更多的只表现出美学意义和文化价值。实际上，大多自然材料在使用后都可以自然地进入循环系统，不对自然造成危害。正是由于它的“生态性”以及当今对生态产品的迫切要求，使得许多结构工程师和建筑师都致力于探索自然材料的性能。很多情况下，会将新材料技术移植到自然材料中，从而赋予建筑新的形象来传达生态理念。拿圆木来说，它本身具有较高的强度，但由于无法进行规格化生产而较少用于建筑中，如果用于燃烧或任其腐烂，木材的功绩又要毁于一旦，因此必须从设计的角度来突出和利用它。在日本的岩木市林业博物馆就使用了圆木作为结构用材，主体的三角形结构由大直径的圆木构成和短圆木构成，用以支撑纤维膜，穿插于各构件之间的斜向钢索用来保持水平方向的稳定性。纤维膜、金属和玻璃，自然材料与工业材料质感的搭配，诠释了建筑与光、空气和自然环境的融合（图6-62）。

葡萄牙建筑师苏特·德·毛拉善于使用传统的施工技术来改造或修整现有的石砌结构。在布拉加市立运动场（Estádio Municipal de Braga）的设计中，他将场馆的位

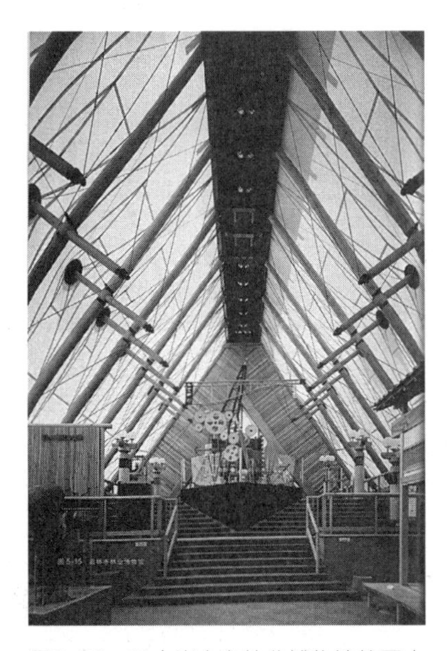

图6-62 日本岩木市林业博物馆的圆木结构

资料来源：王静. 日本现代空间与材料表现[M]. 南京：东南大学出版社，2005：104.

图6-63 毛拉利用自然地势构建与自然有机结合的建筑

资料来源：http://picasaweb.google.com/.../De2BE8vCe_i47M-Lrqtrlw.

图6-64 莫列多住宅从自然环境中以人工“挖掘”出来

资料来源：DERNIE D. New Stone Architecture [M]. London: Laurence King Publishing Ltd, 2003: 162.

置后移，深入山体中一个废弃的采石场中，引入山体的一半看台好像依附在岩壁之上，完全借用了自然的地形并使得建筑获得一种原始而雄浑的气质，体现了对自然的合理利用（图6-63）。但这种对自然的“改造”并不总是具有生态意义，在他设计的葡萄牙莫列多（Moledo）住宅中，为了使这个处于山坡下的住宅呈现出融于自然的效果，他从外界运来大量的岩石来建造挡土墙和台阶，使其变成一座“原生态”建筑（图6-64）。然而原址并不存在这种地质，业主投入了巨资来实现建筑师对“自然”的模仿，看来，建筑形式上的“生态”和建筑本质上的“生态”是需要去平衡的。

图6-65 “植物”建筑材料：植物屋顶与植物幕墙
资料来源：www.building.co.uk/story.asp?sectioncode=284...
韩国安·德穆鲁梅斯特时装店［J］. 世界建筑. 2008（4）：41.

让人接近自然元素是作为生态建筑的标准之一。在如今能源问题越来越严重的情况下，自然元素也被纳入到建筑材料的范围，使其也具有了围护功能和表皮意义。基于生态模仿，建筑师运用拟态的概念将植物作为建筑的构成“材料”，如种有植物的屋顶或植物幕墙，在建筑内外形成了缓冲带，对太阳的光和热进行吸收和过滤（图6-65）。“水”是另一个重要的生态元素，在2000年汉诺威博览会的英国馆中，一道水墙既成为建筑新奇的皮肤，也起到了屏蔽太阳热辐射和降低环境温度的作用（图6-66）。这些自

图6-66 2000年汉诺威博览会英国馆
资料来源：MOORE R, POWELL K. Structure, Space and Skin: The work of Nicholas Grimshaw&Partners［M］. Lodon & New York: Phaidon Press, 1994: 28.

然元素的运用除了具有生态上的优点外，使建筑产生了“非建筑”化的性格，隐蔽于自然之中。

6.3.2.2 地方材料对生态环境的回应

对建筑的生态考虑有时会成为材料表现的灵感，能引导出富有特色的地方建筑形象，因为生态问题和当地的气候、文化环境是密切相关的，建筑艺术只有在新的物质基础上进行创新才有生命力。充分利用地方材料不仅仅有就地取材等经济性上的优点，还可以保护自然资源和维护生态环境的平衡，而当材料被赋予文化多样性的高度去表现地方生活的职责时，便产生了更强的表现力。

地方材料利用当地容易获得的建筑材料，施工简易，造价低廉，但大多强度低，稳定性差，不能耐久，一般只作为建造单层或低层房屋之用，地方材料大致分为三类：以黏土为原料，以石材为原料，以竹或木为原料。日本福冈地区的内野老人儿童活动中心采用以竹编网格体系为主的框架，编好的竹网外部以混凝土浇筑成薄壳体（图6–67）。这种对竹材的创新性运用，关键在于与钢、混凝土的结合，以及它们有机结构形式的提示。通过材料的组合来展现人与自然的关系，既是对本土建筑文化的发扬，又是生态理念的体现。如今的夯捣黏土工艺虽然没有得到大规模的工业援助，但在这个能源和污染问题日趋严重的世界里，它从一种是是非非的建筑材料逐渐变为具有巨大发展潜力的材料，被誉为“第三世界新星”的埃及建筑师哈桑·法赛，从建筑材料、建筑外表面的材料肌理、材料颜色对传统建筑进行了评价，并提出设计策略，他用灰泥代替水泥来发展埃及传统的土坯建筑。他特制了含有稻草的轻型砖，用扁斧进行砌筑，当地人可以采用这种建筑技术自己建造住房，从而缓解了穷人住房问题，而建筑外形依旧是典型的埃及土坯建筑，与广袤沙漠背景融为一体（图6–68）。

图6–67 以地方竹材与混凝土构建的有机建筑形态
资料来源：STUNGO N. The New Wood Architecture [M]. London: Calmann & King Ltd, 1998: 146.

不论低技术还是高技术，建造属于地方的生态建筑，重要的是因地制宜。

采用地方材料需考虑它们产生的背景，因为很多都是在生产力水平低下的情况下产生的，在经济和技术高度发达今天，有些地方传统材料反而会造成对自然资源的破坏浪费，这些需要从技术上使材料的生态效能发挥出来。

图6-68　法赛（Hassan Fathy）发展当地经济型的土坯建筑
资料来源：http://lelwakil.blog.tdg.ch/media/00/02/500457809

6.3.2.3　可再生材料对生态环境的回应

循环经济的基本内容是以物质循环可再生利用为依托的，以实现资源的高效利用，尽可能产生最少量废弃物。可再生材料包括废金属、废纸、废塑料、废橡胶、废玻璃等。发展再生材料，一方面有助于降低废料带来的污染，另一方面缓解工业发展中材料紧缺带来的压力。纸是一种再生材料，从生态目的而来的灵感促使了很多纸制的建筑实验的开展，经过特殊处理的纸可以制成坚固的建筑构件。坂茂对纸建筑的构想不仅来源于技术或生态的提示，日本传统建筑中的纸窗、纸推拉门、纸灯笼都带给他很多设计灵感，使其建筑取得了延续传统、注重生态和发展技术的平衡（图6-69）。

图6-69　坂茂的生态纸屋灵感源于传统与当代技术
资料来源：WESTON R. Materials, form and architecture [M]. New Haven, CT: Yale University Press, 2003: 112.

6.3.2.4　新型材料对生态环境的回应

为了调解建筑与周围环境，建筑表皮发展出多种多层、多功能的隔膜，透明体或不透明体的固定状态将被半透明体和可变形的状态所代替，这些材料最大化地利用了自然光和太阳能，对机械系统控制的依赖也较低。在新生的透明材料中，四氟乙烯板（ETFE）在环保方面很有优势，作为一种充气后使用的材料，它可以对遮光度和透光性进行调解，“水立方”就是利用这种材料以水分子的结构来设计的（图6-70）。充气膜结构在注入“空气”这种新生命的同时，也持续激活了包括能源及环境在内的新的可能性。

生态建筑是一个包含先进技术的工具，材料与技术是分不开的，技术不是目的，而是根据生态原则进行筛选的，采用技术含量高的适宜技术，可以采用比常规做法少得多的材料来满足同样的建筑功能要求。由赫尔佐格改造的仓库设计工作室中，他只通过附加一个双层的氟乙酰胺薄膜结构就有效解决了建筑内部的热工环境，薄膜间形成的空气层起到保温和热缓冲的作用，并减小了空间体量（图6-71）。必要的改造不仅仅是以生态的名义来进行建筑的更新，而是通过创新地运用经济、简单的材料，创造新的空间品质，从而实现对现存结构更合逻辑的再利用。当代建筑需要具有可拆卸性的材料设计或者可重新覆面的预先措施，使得资源的使用状况以及城市的连续性一目了然，运用轻质材料构建的建筑，不论在建造过程还是拆除过程都能较好地保留建筑场地原样，从尊重和维护的角度实现了生态设计（图6-72）。

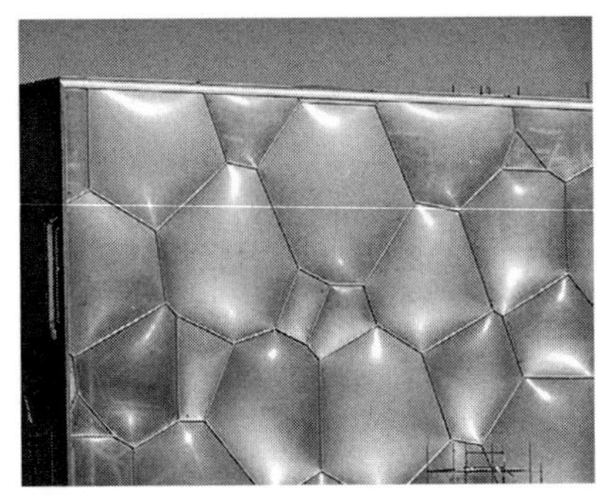

图6-70　中国奥体中心游泳馆“水立方”

资料来源：http://www.chinareviewnews.com/

图6-71　薄膜结构有效营造了建筑内部的热工环境

资料来源：（德）英格伯格·弗拉格．托马斯·赫尔佐格—建筑+技术［M］．李保峰，译．北京：中国建筑工业出版社，2003：56.

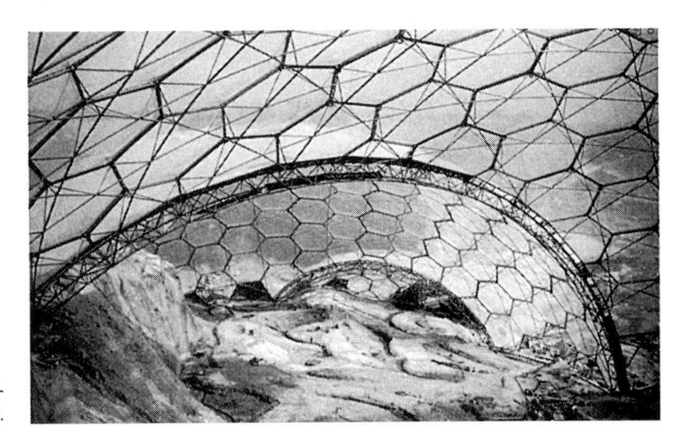

图6-72　薄膜结构对基地环境的保护

资料来源：李东华．Eden Project伊甸园．高技术生态建筑［M］．天津：天津大学出版社，2002：219.

6.3.2.5　高性能材料对生态环境的回应

生态建筑是社会性的、文化性的结构设计[①]，从生态角度讲，建筑结构的创新是用最少的能源得到最大的收获。针对当前的能源短缺问题，许多建筑师都在探索“轻量化”的建筑结构，利用更轻、更少的高性能材料来有效地覆盖更大的建筑空间，尽量使用能源的最小化。1947年，富勒发明了短程线式穹顶，即以球体的最小表面积覆盖最大的体积，试图单纯利用天然能源来进行环境控制，后来他将短程线式穹顶与复合型张拉结构相结合发展到天空球形都市计划（图6–73）。虽然这只是一种理论上行得通的结构，但为后来的建筑师运用高性能材料以结构表现的角度发展生态建筑提供了许多依据。富勒关于材料结构的创想也是建立在前人研究的基础上的，例如他的短程线式穹顶就是参考了W・鲍尔弗尔德的耶那的蔡司行星仪的格构穹顶；而他的八角形桁架的数十年之前就有G・贝尔的风筝等，但这种创新并不在于谁首先想到或做到，而是在于谁妥当的用于现实中来解决问题。模仿中创新的材料表现是利用相关性的系统思维揭开隐藏在其中的奥妙，发现其有用性并进行创造性的应用。

图6–73　富勒的短程线圆形建筑可以经济地运用高性能材料构筑巨大空间（1967年的美国展馆；1958年美国修理工厂）

资料来源：（英）乔纳森・格兰锡．20世纪建筑［M］．李洁修，等译．北京：中国青年出版社，2002：339.

6.3.2.6　智能材料对生态环境的回应

“人类经常以自然界中的生命形态作为样品，进行解剖而获得技术上的成功”[②]，自然界是人类最好的老师，虽不能直接从自然中推导出建筑，但自然给予我们很多启示，如效率、规律性、适应性和差异性等，其中所蕴含的美是有机的，并启发人们

---

①（日）斋藤公男．空间结构的发展与展望［M］．李小莲，等译．北京：中国建筑工业出版社，2006：5.

② 陈望衡．科技美学原理［M］．上海：上海科学技术出版社，1992：241.

进行有益的创造。建筑设计中的仿生是为了应用类比的方法从自然界中吸取灵感进行创新，获得与自然生态环境的协调。仿生并不是单纯地模仿自然生物的形态，而是吸收动植物的生长肌理以及自然生态的规律，结合建筑的自身特点而适应新环境的一种创作方法。近年来迅速发展的智能材料就是基于仿生的研究，它能感知环境变化并能实时地改变自身的一种或多种性能参数，作出所期望的、能与变化后的环境相适应的复合材料或材料的复合。复合智能材料的有压电材料、形状记忆材料、光导纤维、电流变液、磁致伸缩材料和智然高分子材料等，它的设计与合成几乎横跨所有的高技术学科领域；而材料的复合强调的是经过仿生设计的材料组织，如新加坡艺术中心的表皮设计采用的是一种用铝面板进行隔热和遮阳的三维复合型玻璃窗外皮。当外皮的曲率增加时，面板就像“鸟嘴”一样向外突出，这是“通过提供一种光滑封闭的保护性外皮，或是外立面完全开敞使其自由呼吸，这两种经过调整的外表皮便开始具有鱼鳞和鱼鳃的组合特性”（图6–74）。在不断地模仿和优化中，智能材料会以自组织的形式来适应变化的环境并改善自身的性能。

图6–74　新加坡艺术中心仿生的表皮形式

21世纪新能源技术的发展，使新能源材料如镍氢电池材料、锂离子电池材料、燃料电池材料、太阳能电池材料等成为生态建筑的构成材料。随节能技术的不断发展，一些节能装置和建筑构件融为一体，如双层表皮幕墙、太阳能电力墙、太阳能光电玻璃等，它们不仅降低能耗、节约能源，有的甚至产生能源，同时赋予建筑材料技术美。

6.3.2.7　材料表现与生态设计

生态设计最常见的方法是模拟有机体的新陈代谢原理，将生物仿生运用于建筑，基于对气候等自然条件的共同认识所存在的质的相似性，有对基地周围生态环境的直接比拟，也有对生态现象的抽象比喻。人类需要一个根据生态原则筛选的技术发展，如在伦佐·皮亚诺的吉巴欧文化中心的创作中，他研究了当地传统棚屋的建筑形式，结合当地生态环境和气候特点提取出“编织”的构筑模式，并将建筑、技术、空气动力学和自然结合到一起，创造了一个生态平衡的建筑系统（图6–75）。

受全球气候变暖和能源危机等问题的影响，对建筑外墙的设计提出了新的要求，

图6-75　在吉巴欧文化艺术中心，皮亚诺将地域建筑形式、新技术与空气动力学结合一起
资料来源：（英）彼得·布坎南. 伦佐·皮亚诺建筑工作室作品集：第四卷［M］. 蒋昌芸，译. 北京：机械工业出版社，2003.

图6-76　太阳能遮阳板
资料来源：（德）英格伯格·弗拉格. 托马斯·赫尔佐格—建筑+技术［M］. 李保峰，译. 北京：中国建筑工业出版社，2003：104.

图6-77　美国凤凰城图书馆：用丙烯酸纤维制成的遮阳布帆，在计算机控制下根据太阳光照射角度不同进行转动
资料来源：李东华. 高技术生态建筑［M］. 天津：天津大学出版社，2002：72.

其涉及的节能技术有遮阳设计、外墙保温隔热处理、节能构件和节能材料的使用等（图6-76），这些元素的运用对人们感知生态的建筑形象有很大影响，而模仿传统意义上的建筑材料的表现方式来组织节能构件形成了当今新的审美评价。通常建筑外墙都采用遮阳设施来减少阳光的直接辐射，遮阳构件投射的阴影使建筑外墙产生丰富的光影效果，使建筑富有节奏感和韵律感，如美国凤凰城中心图书馆的新馆，其北立面是用丙烯酸纤维制成的遮阳布帆，在计算机的控制下根据太阳照射角度的不同来转动角度时，整个立面便充满动感（图6-77）。杨经文运用生物气候学进行高层建筑的生态设计，采用屋顶遮阳格片和外墙绿化系统来防晒、隔热和通风，他在希特赫尼加大厦中（图6–78）运用穿孔的金属防护板来遮蔽建筑表面，以此达到建筑的生态效能与形式的平衡。

从目前的建筑发展来看，生态美学逐渐融入材料的表现中。在赫尔佐格与德梅隆设计的德国Hall26展厅中（图6–79），他模仿了锯齿形屋顶这种工业建筑的语汇，这一充满张力的屋顶结构有效地促进了能源节约的环境控制系统，立面上的钢构架、大面积镀膜玻璃外墙、遮阳装置和部分运用的再生木材形成对比，形成新的生态建筑的形式美。同样的设计理念也体现在德国科隆的Igus工厂建筑中，建筑师运用了低成本、高效率的可以拆解和重装的施工方法，并采用了模数体系，屋顶按固定的模数分布着张拉膜的“眼球”状穹隆，当中嵌有玻璃天窗，起到自然采光和通风的作用，在工厂发生火灾时，它们会软化塌陷从而释放烟尘（图6–80）。这种以生态理念进行的设计，预示了将来材料运用的趋势，一切有利于环保节能的传统建筑形态或生命形态都会成为进行材料表现的模仿对象，在适宜技术的组织下，材料将展示出更加多样而富有生态意义的表现形式（图6–81）。

图6–78　希特赫尼加大厦

资料来源：《大师》编辑部．杨经文［M］．武汉：华中科技大学出版社，2007：27.

图6–79　德国 Hall26展厅是工业建筑语言、节能构件、环保材料与现场装配技术的结合体，呈现生态建筑的时代美感

资料来源：（德）英格伯格·弗拉格著．托马斯·赫尔佐格—建筑+技术［M］．李保峰，译．中国建筑工业出版社，2003：192.

图6–80　德国Igus工厂的张拉膜穹顶体现多种生态效能

资料来源：李东华．高技术生态建筑［M］．天津：天津大学出版社，2002.

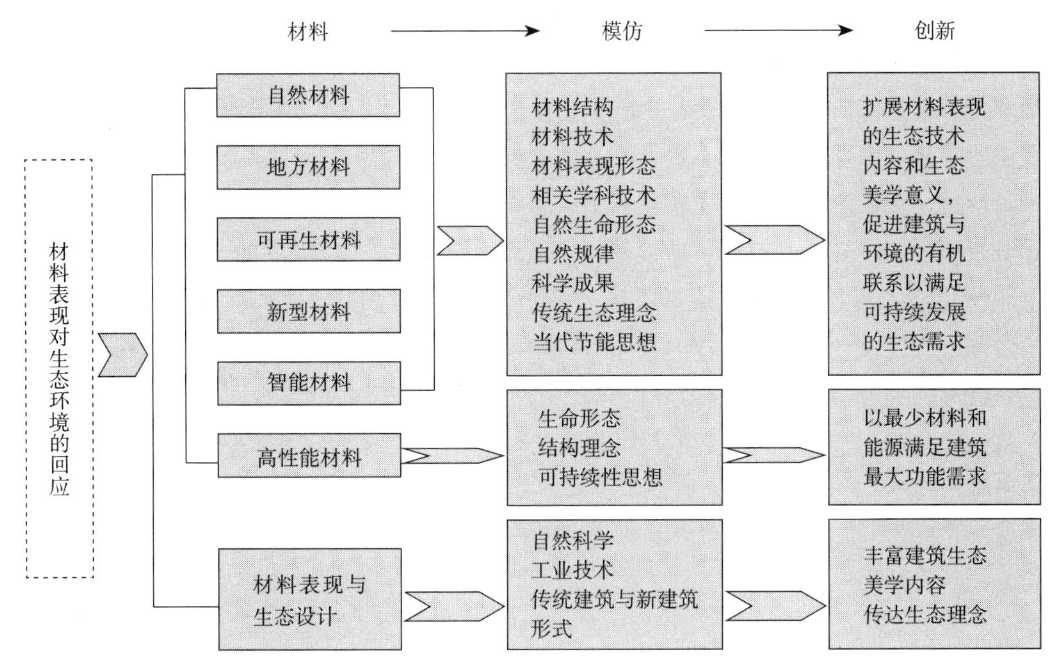

图6-81　材料表现对生态环境的回应作为材料表现的创新成果是通过分析模仿对象的特质与生成原理来达成的

6.4　本章小结

从建筑的发展历史和当今建筑风格的演绎中，我们发现材料表现的创新结果总是源于不同的创作目的，或以材料为主导、或以建筑空间为主导、或以环境为主导，这些不同的创作目的对应着不同的材料表现倾向，同时形成了几种可持续的模仿创新模式，而材料的创新又使模式具有充分的强度。模式是人为的，它会因场所而变、因文化而变、因时代而变，因此其内容也会不断扩展。

首先，在以表现材料为主的创新中，设计者从模仿原型获得的灵感和启示，加以相应的艺术手法和技术手段用来挖掘材料的结构性能和美学性能，在这个过程中，材料本质的功能性和表现力得到释放。而对于建筑创新来讲，材料表现的价值在于它的组织和使用方式，材料的结构表达与构造细部所形成的“建构”内容，蕴含了设计者对材料特性的独特理解，是赋予建筑个性的关键。表现材料要以材料的特性为根本，任何模仿内容的引入都要复归于材料的本质。

其次，在以阐释空间为主的创新中，“隐匿”材料的表现力是为了将观者的视线与思想集中到空间主体上，在这种模式的创作中，材料似乎被压抑了，但空间理念的实现和对空间形态的表达却建立在对材料属性的理解之上；而“展现”材料与空间的共塑则在于突出材料本质特征的同时也将空间包含的形式内容和文化意义显示出来，相互提升各自的价值。无论是将材料进行隐匿还是展现，在以空间为主导的设计与实践中，模仿的内容和方式产生了交互，使得材料本身蕴含了空间意义。

最后，在以协调环境为主的创新中，材料的选择与表现用以促成建筑与自然环境和城市环境的融合，而对于可持续发展的生态设计来讲，生态材料的运用以及材料的生态设计是构成生态建筑的重要内容，是回应生态环境的基本手段。传统建筑与环境的协调方式以及自然界中存在的秩序与科学规律给予设计者许多启示，对这些内容的模仿需深入到原型的构成原理与理念中，解析它与环境的对话语言。总之，与环境的有机结合并有利于可持续发展的设计形成了模仿中创新的材料表现模式，同时也是设计遵循的原则。

结语

建筑材料的表现内容就像“织物”一样由经线和纬线逐渐编织而成，其中，材料技术为经线，材料的表现形式为纬线。人类自建造房屋以来，技术的经线就从来没间断过，并且发展得强劲而坚韧，在这个过程中，与其交叉着的是变化丰富，带有感性色彩的纬线，它不断地描绘着时代的物质与精神内容。研究将“模仿中创新”的理论与建筑创作中的材料表现内容相结合，以理论与实例辩证的形式阐释材料问题，从材料应用的历史特征、发展规律、影响因素、表现类型和模式等几个方面对模仿中创新的材料表现进行系统的解读和论述。

1.“模仿中创新”普遍地存在于建筑材料的发展过程中，它是人们认识材料和表现材料的历史规律。社会学、心理学、经济学、美学、哲学等领域里都对模仿进行了深入研究，证实模仿是认识事物的必然过程，是创新的基础。模仿创新广泛地存在于建筑的发展历史中，而材料作为构筑建筑的物质基础，人们在发现、运用和创造它的过程中，总是多多少少地模仿着历史与时代的内容。从古代到中世纪、文艺复兴、复古主义、19世纪与20世纪之交的探索，再到20世纪前期发展起来的现代建筑、20世纪70年代的后现代建筑以及当今多元化表现的建筑风格，从中可以看出，材料运用技术的成熟、性能的展现和表现形式的革新都脱离不开模仿阶段的徘徊与探索，这是进行材料创新的历史必然规律。

2. 社会文化、科学技术、人文环境、建筑历史等内容为表现材料提供了物质手段和精神内涵，成为对材料创新运用的灵感来源和参考依据，对其内容的模仿、研究、转化、升华是表现材料的有效途径，也是材料的未来发展趋势。本书论述的建筑材料问题，并非传统研究中对材料种类的分述方式，或对材料组成成分、构造方式的解析与说明，而是将材料表现内容中的材料内在性能、应用技术、结构构造、表现形式和文化价值等融为一体，与“模仿中创新”理论构建成一个系统，以系统的内涵、机制、类型和模式来阐释材料表现的物质与精神内容。其中，通过模仿而进行的材料具体形态的创新属于对材料物质性的外在表现，而人们在组织和使用材料的过程中不断赋予的深刻含义构建了材料表现的精神内容。

（1）对材料表现中物质内容的创新。首先，在发挥材料性能方面，无论是天然材料还是工业材料都必须经过人工处理才能成为建筑材料，而它并不是一些给定属性的集合，其性能是有待挖掘的。材料性能的逐渐展现与创作主体、受众群体在客观因素的影响下对模仿对象的选择和借鉴手法密切相关，人们对模仿原型的感性与理性的抽象思辨，蕴含在材料的生产、组织与表达中。对于材料本质属性的发挥，既是材料表面属性的自我呈现，也是对于材料的构建逻辑和力学性能的忠实表达。

其次，在发展材料技术方面，传统材料的创新表现以及新材料的性能展露必须通过技术模仿的途径来实现。传统材料在模仿新材料技术的过程中，摆脱了传统的技术制约，在继续发扬文化价值的同时，其结构性能也被进一步挖掘出来；而新材料也是通过对传统技术的模仿，其性能逐渐为人们所获知，随之发展出与之相适宜的新技术。但技术模仿不只局限在材料间的技术转移，其他学科的技术成果和哲学、文化学中的技术理念都是发展材料技术模仿和借鉴的对象。对低技术或高技术的选择和运用与材料价值的呈现并没有必然的联系，关键在于技术类型与材料本质的对应，及其与人的使用和生态环境的协调。为避免材料拼贴的形式主义，更多的时候要从技术的角度来对待材料问题。

最后，在革新材料表现形式方面，一方面是材料性能发挥和技术创新的结果；一方面是出于纯粹的对材料美感属性的表达，在模仿艺术符号和形式的基础上，对材料色彩、质感、肌理、形状的考虑是设计创新的关键；而设计理念在材料形式创新上的作用是通过对理论的继承、转化和实践体现出来的。早在19世纪中期，森佩尔提出了“织物”的面饰理论，指出建筑由编织艺术发展而来，这与人们的模仿行为密切相关，他认为材料表现形式的设计是先于结构技术，这种装饰要比结构更具根本性的理论显然颠倒了因果关系，但却启发了许多建筑师去进行材料组织形式的创新表达。

（2）对材料表现中精神内容的创新。材料表现中所蕴含的精神内容是建筑历史文化的积淀，以及人们在使用过程中对其不断进行的诠释形成的，正是材料所具有的精神意义使模仿创新成为必然。人类丰富的文明使材料超越原有的物理性能，作为一种媒介来实现人类的多样感受，沟通人与自然、历史、传统和当代的对话。本书在对模仿中创新的材料表现类型和模式的论述中渗透了材料表现意义的传播途径，即在材料应用的概念与具体之间取得平衡，在确定与不确定之间、具体与模糊之间、物质性与非物质性之间、理念与实践之间建立丰富的表达，突破材料表现的静态图像，使材料在使用和时间的流逝中呈现动态的生命。

3.“模仿中创新”不仅作为表现建筑材料的规律和途径，而且以理论的形式与建筑创作和实践建立关联，深化建筑理论的同时，从材料的角度开辟设计思路，是建筑创新的必由之路。由于材料涉及很多技术问题，具有很强的实践性，因此在建筑创作阶段经常被忽视，而建立系统的材料理论有利于深化设计者对材料的认识，并将其作为重要的设计元素融入建筑创作的表达中。西方从19世纪中期就开始拥有完善的材料理论，促进了材料技术和新材料的运用与发展。从工艺美术运动到新艺术运动对材料表现力的挖掘，从包豪斯材料课程的教育到如今运用各种技术、吸收各种设计理念进行的材料实验，我们发现，西方国家进行的材料创新、建筑创新与材料理论的发展是紧密相连、相互促进和不断提升的。优秀的建筑实例表明，建筑师通常以表现材料来解决建筑的功能问题、环境问题以及实现独特的创作立意，通过材料的细部表达来获得建筑的整体美。本书对这些内容的揭示与归纳不仅使“模仿中创新”的材料理论系统化，更是借助理论的形式引起设计者对材料表现内容的重视，将其作为建筑创新的关键一环。

参考文献

［1］（美）伊利尔・沙里宁．形式的探索——一条处理艺术的问题的基本途径［M］．顾启源，译．北京：中国建筑工业出版社，1989：78．

［2］范明生．古希腊罗马美学．“西方美学通史”第一卷［M］．上海：上海文艺出版社，1999．

［3］李淑文．创新思维方法论［M］．北京：中国传媒大学出版社，2006: 60．

［4］（法）加布里埃尔・塔尔德．模仿律［M］．何道宽，译．北京：中国人民大学出版社，2008．

［5］（英）苏珊・布莱克摩尔．谜米机器——文化之社会传递过程的“基因学”［M］．高申春，吴友军，许波，译．长春：吉林人民出版社，2001：51，439．

［6］刘先觉．现代建筑理论［M］．北京：中国建筑工业出版社，1999．

［7］（俄）M・Я金兹堡．风格与时代［M］．陈志华，译．西安：陕西师范大学出版社，2004．

［8］（法）米歇尔・福柯．词与物．人文科学考古学［M］．莫伟民，译．上海三联书店，2002：19．

［9］迈克尔・魏尼・艾利斯．尤哈尼・帕拉斯马，建筑师：感官性极少主义［M］．焦怡雪，译．北京：中国建筑工业出版社，2002．

［10］（英）史坦利・亚伯克隆比．建筑的艺术观［M］．吴玉成，译．天津：天津大学出版社，2001：131．

［11］汪克，艾林．当代建筑语言［M］．北京：机械工业出版社，2007．

［12］（美）肯尼斯-弗兰姆普敦．现代建筑一部批判的历史［M］．张钦南，译．北京：生活・读书・新知 三联书店，2004: 109．

［13］（美）C・亚历山大．建筑的永恒之道［M］．赵冰，译．北京：知识产权出版社，2002：77．

［14］罗小未．外国近现代建筑史［M］．北京：中国建筑工业出版社，2004：74，85，261，368．

［15］（美）理查德・派尔．安藤忠雄［M］．王建国，等译．北京：中国建筑工业出版社，1999：318．

［16］（英）罗杰・斯克鲁顿．建筑美学［M］．刘先觉，译．北京：中国建筑工业出版社，2003．

［17］（希腊）安东尼・C・安东尼亚德斯．史诗空间——探寻西方建筑的根源［M］．刘耀辉，译．北京：中国建筑工业出版社，2008：187．

[18]（英）弗兰克·惠特福德．包豪斯［M］．林鹤，译．北京：生活·读书·新知　三联书店，2001：149．
[19]（日）斋藤公男．空间结构的发展与展望［M］．季小莲，徐华，译．北京：中国建筑工业出版社，2006：5．
[20]（德）英格伯格·弗拉格著．托马斯·赫尔佐格—建筑+技术［M］．李保峰，译．北京：中国建筑工业出版社，2003：39．
[21]（英）大卫·沃特金．西方建筑史［M］．傅景川，译．长春：吉林人民出版社，2004．
[22]（英）康威·劳埃德·摩根．让·努韦尔：建筑的元素［M］．白颖，译．北京：中国建筑工业出版社，2004：72，100．
[23] 马眷荣．建筑材料辞典［M］．北京：化学工业出版社，2003．
[24]《大师系列》丛书编辑部．马里奥·博塔的作品与思想［M］．北京：中国电力出版社，2005．
[25] 伊东丰雄建筑设计事务所．建筑的非线性设计——从仙台到欧洲［M］．暮春暖，译．北京：中国建筑工业出版社，2005．
[26]（荷）亚历山大·佐尼斯．圣地亚哥·卡拉特拉瓦［M］．赵欣，译．大连：大连理工大学出版社，2005．
[27]（英）彼得·布坎南．伦佐·皮亚诺建筑工作室作品集：第四卷［M］．蒋昌芸，译．北京：机械工业出版社，2003．
[28] 史永高．森佩尔建筑理论述评［J］．建筑师，2005，Vol. 118（6）：53-54．
[29]《大师》编辑部著．杨经文［M］．武汉：华中科技大学出版社，2007：27．
[30] 李东华．高技术生态建筑［M］．天津：天津大学出版社，2002．
[31] 王静．日本现代空间与材料表现［M］．南京：东南大学出版社，2005．
[32]（德）赫尔诺特·明克，弗里德曼·马尔克．秸秆建筑［M］．刘婷婷，余自若，杨雷，译．北京：中国建筑工业出版社，2007．
[33]（英）派屈克·纳特金斯．建筑的故事［M］．杨惠君，译．上海：上海科学技术出版社，2001．
[34] 刘丹．世界建筑艺术之旅［M］．北京：中国建筑工业出版社，2004．
[35]（美）克里思·亚伯．建筑与个性——对文化和技术变化的回应［M］．张磊，司玲，侯正华，译．北京：中国建筑工业出版社，2003．
[36] 王飞，建筑模仿［J］．城市建筑，2005，2：29．
[37]（美）奥斯卡·R·奥赫达．饰面材料［M］．楚先锋，译．北京：中国建筑工业出版社：2005．
[38]（英）彼得·柯林斯．现代建筑设计思想的演变．英若聪，译．北京：中国建筑工业出版社，2003．

后记

对模仿中创新的材料表现的研究具有理论和现实的意义，它代表着对建筑材料研究的新趋向，但依然任重道远，尚有许多有待进一步深入进行的研究工作，比如在实践方面，首先要在材料性能挖掘和技术应用中，对“模仿”内容的选择和运用途径、表现原则进行细分，因为模仿的实效和真正意义上的创新还要在使用这种材料的过程中表现出来，材料的持久性、后期维修等问题以及借鉴技术的精确性、正确性与否需要经受自然和时间的考验；其次，在材料形式的表现上，模仿其他材料的表现形式虽有助于发挥材料的性能，但如果将材料的本质属性表现在不适宜的形态中，反而破坏了材料与建筑的有机性。

对于建筑材料的重视，要从基本的建筑教育抓起，如对优秀作品中材料表现进行分析、对地方建筑的材料运用进行评价、设立材料的实验工作室以加强对材料性能和相应技术的了解等，通过建筑教育使学者认识到材料与功能、空间、形体一样，都是建筑创作中的基本元素，对材料的表现应成为建筑创作中的一种自觉行为。同时，通过适当地控制计算机所带来的负面影响，加强对材料本质及其建构原理的理解。这是本人与其他建筑设计者应共同为之努力的。

张　羽

2021年元月